中国乡土建筑

# 浮梁

薛力 著

中国建筑工业出版社

# 自序

中国乡土建筑是很美的。它是中国文化的重要体现。

乡土建筑实际上是传统的老房子。它的好，并不仅在于它的老。它是因为好，才保存得老的。它的好，也并不一定是指它符合我们的标准，而是指它在当时的背景下，达到了内在要求和外部条件的统一。人们觉得有些建筑不如以前的老房子，并不一定是指它的绝对指标不如后者，而是指它的内在要求并未与外部条件达到统一，也就是说它没有做到当时背景下的尽善尽美。乡土建筑为什么能够如此呢？这是因为它是在长期演变过程中不断完善的结果。以民居来说，第一代房子建成后，人们会在使用过程中记下它的优、缺点，在后代建房时，就会发扬这些优点，改正这些缺点。在后代的使用中，也会出现一些优、缺点，那么下一代人在建房时将会再次发扬优点、改正缺点。经过漫长的实践、多次的迭代，房屋就会向理想的答案逐步逼近。现在有些建筑也是遵循这个思路的，但是使用的时间不够长，扬弃的次数不够多，自然还是有很大改善余地的。

既然乡土建筑是长期实践和多次迭代的产物，那么房屋的设计者是谁也就很模糊了。尽管这个房子没有什么缺点，甚至可称完美，但建设者知道，这都是以前经验的积累，是外部条件的必然，换一个工匠来做，也会得到八九不离十的答案，这并非是一件值得夸耀的事情。

所以工匠很少把设计看成是创作，他们往往更喜欢把它当作是解题，即根据外部条件来求解。外部条件获取越多，答案就越接近正解。当不同的师傅得到同样的条件时，他们的解答大多也是相同的。在一个地区，民居的布局基本相似，风格大多类同，就是因为各位师傅都认识到了同样的条件，并依照这些条件行事的结果。他们甚至认为是场地中的条件在做设计，是这些条件借助自己的手，画出了一张张蓝图。工匠自然觉得设计出这样的房子是没什么骄傲的。现在，有些人喜欢强调主观能动性，给设计贴上自己的标签。他们在张扬个性的同时，也会得到它的约束，这就是古人所说的业障。

乡土建筑的营造中，首先寻找外部条件的人就是风水师，他的地位是高于木匠、瓦匠和石匠的。风水师看地方要花很长时间，有的甚至超过二三十年，因为在选择场地的时候，从宏观到微观，各种情况都要通盘考虑。合适的场地一经选好，建筑的理想布局基本就有了，其余的材料、结构、构造等随之而定。任何一个场地在一定条件下，有且只有一个正确答案。这个答案或许我们永远也到达不了，但它是客观存在的。有人认为各花各世界，一个用地中的答案总是异彩纷呈的。这个看法是将过程当成了终点。万事万物的结构关系其实早就在那里，只是等着我们去发现而已。那些异彩纷呈，其实只是寻找终点的驿站。终点只有一个，而驿站却有很多。只有充分认知外部条件，才能使自己的答案在那条正确道路的驿站上，向着终点靠拢。

在比较老房子的时候，一个直观的做法是看谁的外部造型更好看。其实，造型本身是无所谓好看与否的。不承认这一点，就会在方形和圆形中得出某个更美的主观结论。稍微深入地比较，是看房子的内部空间是否出彩。这似乎涉及建筑内部了，但这种比较还是孤立的，并没有说服力。圆形的内部空间就一定比方形的好吗？这没有定论。真正值得比较的是关系，是造型空间和它所承担的任务的关系，而非孤立的造型空间本身。在建筑的比较中，要看这些造型空间的目的是什么？它如果能够实现目的，就是好的；如果不能够实现目的，就是有欠缺的。因此，欣赏建筑的主要一条是看它是否实现其目的。目的是有多种的，有的是为了追求造型的不同凡响，有的则是为了空间的好用，还有的则是在让环境更美的过程中，实现个体的诉求。这些目的或者是东家要求的，或者是风水师看场地得来的。这时候就要看哪个目的更有价值。要想提高目的的价值，道德出发点就要高。只有具备了很高的道德站位，建房的目的才会更有意义，建筑所承担的任务才会更重。作为回报，它的指向性也会更加明显，它所拥有的发展潜力也会更大。因此，如果随后的设计都是合乎逻辑的推演，那么道德高度就是建筑发展的天花板。什么样的道德高度才是最高呢？那就要看它是否最大可能地考虑到最广大、最长远的利益，是否最大限度地达到人与自然的统一、人与人的协调。要达到这一点，就要清空自己先入为主的思维定式，去倾听场地的私语。在这方面，固守成规的人会觉得很难，而谦虚的师傅总是心无芥蒂。

欣赏老房子，要站在当时的角度去理解老房子的价值观，否则就会产生迷惑乃至苛责。比如，有人批评老房子的卧室又黑又小。从当前来看，的确如此。但是，卧室是古人解衣睡觉的地方。他们在其中的主要活动就是休息，并不需要看到外面，也不需要外面看到内部，只要有微光就可以了，这和现代卧室追求的宽敞、明亮自然相差很远。又比如，我们看到有的古代家具有描金，觉得很俗气，但它们放在幽暗的卧室里却十分好看。再比如，我们觉得以前的房屋很封闭，外墙没有大窗，视野很不好。但古人认为，外墙开窗后，防卫性、热工性就降低了。而且，居住者的视线占据了外面的地盘，这是对环境的一种侵扰，以后就没有别家敢用这块场地了。另外，还有人觉得南方的小瓦顶不好，不挡风，容易坏，常漏雨。其实，小瓦顶的透风是保证屋内凉爽的条件。只要有人住，撤换瓦片非常容易。的确，如果老房子长期空置没人打理的话，渗漏就会从屋面开始，进而腐蚀木结构，最终导致房屋倒塌，这虽然是一种遗憾，但何尝不是一种易于降解的生态优势呢？

我们经常听到一句话，要让老房子适应我们的现代生活。其实，老房子是有适应能力的，它一直也是这么努力的。比如，徽州民居在明代时底层矮、二层高，出于便利生活的目的，清代逐渐变为底层高、二层矮；由于家庭规模变小、用地紧张，具有外天井的房屋也逐渐变成内天井的住宅；为了防火防盗，封火墙也产生了。面对丰富的现代生活，老房子的适应性发展是多方面的，哪怕是空置展示，也是一种选择。这就需要我们对老房子进行价值判断，寻找有利于充分发挥它们作用的方式。

同其他事物一样，老房子有所能，也必将有所不能。看到它的"能"很容易，看到它的"不能"也不难，但尊重、接受乃至欣赏它的"不能"却很难。有时，它的"不能"也是其价值的体现，甚至可以给我们带来世界观的参照。我们既要让老房子适应自己的需要，也要敞开自己的胸怀，去适应老房子的"不能"，而非强行去改造它。它的这种"不能"，也许是我们现在条件下的"不能"，将来技术发展了，说不定就变成"能"了。也有可能我们将来的世界观发生变化了，觉得这种"不能"，也是一种"能"。因此，面对老房子的难解之处，我们不妨留白，从长计议，把它们留给更有智慧的后人。就拿老房子的舒适性来说，它是很难通过改造满足现在人们的需求的。这就是它的"不能"。但是，这个"不能"里面却包含着绿色的、生态的思想，或可对我们滥用资源的不可持续的做法产生一点暗示。这也许就是古人通过老房子对我们发出的善意提醒吧。我曾经觉得在冬天的老房子里，开敞的堂屋很冷。老人当场就指出这是少穿衣服的原因。他们甚至认为，堂屋是卧室和室外的过渡，冷一点未必是坏事。让身体感受自然的节律，对健康也是有益的。

老房子的好，并不在于老，而是在于好。从这一点出发，我们欣赏老房子，主要是欣赏它的好。它的造型、空间是不是为了目的而生？它的目的是不是高尚？从目的到形态的因果关系是不是连贯？至于它是否新或老却在其次了。因为新的房子，第二天就变老了。老的房子，曾经肯定也是新的。这样的话，我们就可以从单纯欣赏老房子，扩大为欣赏其他建筑，乃至于一切物件了。当把这些事物的造型、目的乃至道德追求的关系理顺之后，你会发现一切本该如此，万事万物只是在按照自己的规律运转而已。

欣赏就是认识这些规律，设计就是把这些规律反映到图纸上。

# 前言

　　浮梁古为楚地，位于江西省鄱阳湖东北部，处在昌江流域的广大地区。自唐武德年间建县后，先分其北组成祁门县，后析其南组成景德镇市。目前，浮梁上属景德镇，下辖昌江的主要部分。整体地势东北高，西南低，史载"溪水时泛，民多伐木为梁，故称浮梁"。这里地质多样，气候温润，水力丰沛，物产富饶，很早就有人类栖息。当地人民在农耕的基础上，经过长期摸索，逐渐发展出靠山面水、居高临下的村落模式，演化成主房、辅房相结合的建筑布局，构建了内部木构外包砖墙的天井形态。由于得天独厚的自然条件，安居乐业的人们"摘叶为茗，伐楮为纸，坯土为器"，展开多种营生。古属地的祁门茶叶、景德镇瓷器早在汉唐就名闻天下。茶、瓷的发达，促进农工商并举，对当地村落和建筑的选址布局、结构构造等方面提出更多要求，使之交通顺畅、分区明确、采光和通风更加良好。本书从代表性、原真性和完整性的角度，选取其中17个对象进行探讨。它们有的是深山平坝的高海拔人家，有的是小溪边的居所，有的是大河旁的巨埠。它们或是纯农业村落，或是茶、瓷集散中心，或是物资转运码头、工坊密集处及治所之地。这些种种不同，无不给当地聚落的质朴底色增添了奇异神采，使之在我国乡土建筑中别有韵味。

# 目录

# 概述

图右 研究对象分布

　　浮梁是一个千年古县。它位于江西省东北部，东临婺源，南接乐平，西靠鄱阳，北依安徽东至、祁门，其地南北长88千米，东西宽67千米，总面积约2850平方千米。境内北、东、西三面环山，南面对着鄱阳湖平原开敞。东北部的五股尖是最高峰，海拔1618米，西南面的金竹坑是最低地，海拔28米。由于地处亚热带地区，加之西南濒湖，东北环山，故当地气候温润，年平均降雨量达到1800毫米。丰沛的降雨受山势归拢，形成一条树状水系（图右）。其正源来自东北部的祁门大洪岭。因祁门古称阊门，故水名昌江。昌江南过祁门后，在倒湖入浮梁境内。水流在浮梁向西南奔流，先收南侧罗村河之水，后于峙滩南合英溪、北纳北河。北河是昌江北部最大支流。其水从西北部的西湖、经公桥、勒功而来，东行至沧溪合白茅港之水，南下经沽演合严台、江村的江村河，然后入昌江。昌江由此南行，并于浮梁旧城合东河。东河是昌江东侧最大支流。其水源于皖赣边境的五股山，经梅岭、绕南、瑶里、高岭、东埠、鹅湖、臧湾、王港而来。汇合东河的昌江水量增多，江水在青塘经过一个右弦月的大转弯之后，入景德镇盆地。水流先于三闾庙西合源自北部东港，经黄坛、三龙的西河，再于天宝桥南纳源自安徽三花尖，向西过湘湖、竟成的南河。携手南河之后，昌江再无重大支流汇入。西南而行的江水穿越一条比较狭窄的山谷后，于丽阳乡出境，奔鄱阳、汇饶河、入彭蠡。

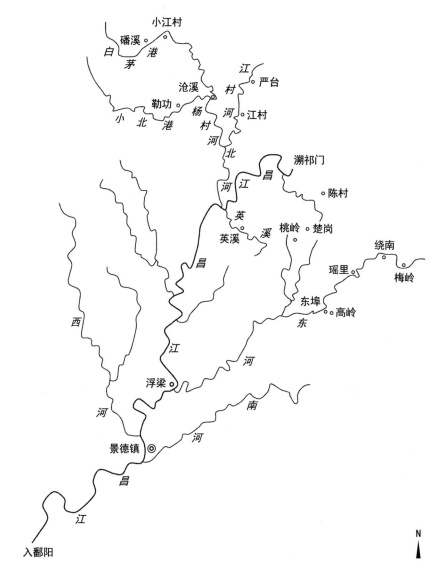

小江村

磻溪 °

白 港

茅

江
村
河

°严台

沧溪

勒功 ° 杨
村
河

°江村

小
北
港

北

河

江

昌
°溯祁门

英
溪

°陈村

英溪

桃岭
°

°楚岗

昌

绕南
°

瑶里 °

°梅岭

江

东埠

°高岭

东

河

河

浮梁 °

南

河

景德镇 ◎

昌

江

入鄱阳

N

春秋战国时，浮梁先属楚，后属吴、越，公元前306年复归楚国。秦时属九江郡番县。汉时则属豫章郡、鄱阳郡。此时，浮梁东河、南河已有制瓷业，史称"新平治陶，始于汉世"。三国时，此地归吴国扬州管辖。晋代，在荆州、扬州间设江州，鄱阳郡是其属地。东晋，陶侃在景德镇昌南一带平定江东，于此设新平镇，这里靠近浮梁西南边界，到下游的鄱阳郡非常便捷。唐武德四年（621年）正式设新平县，县治不在新平镇，而是在北部江村的沽演一带。当时祁门尚未立县，属地归浮梁管辖。治所在此接近地理中心，利于管理浮北茶业。据史书记载，远在唐代，浮梁制茶就已经"浮梁歙州，万国来求"。开元四年（716年），随着东河、南河的瓷业向下游集聚，昌南地区渐成制瓷中心，于是将县治迁到其上游10千米的南城里，并更名新昌。因县治南移，唐永泰二年（765年），分北部地区组成祁门县。昌江和东河在南城里汇合，并在下游青塘绕行一个陡弯，这里水深流缓，非常便于停船转运。由于南城里地势低洼，洪水时"民多伐木为梁"。唐宪宗年间，为避洪涝，将治所迁到昌江对面的孔阜山南麓，即为现在旧城村。这里北、东、西三面是高丘，可挡洪水，乃一方良地，浮梁县治此后千年不移。北宋时期，昌南青白瓷得到宋真宗赞许，被赐名景德镇。自此，浮梁县与景德镇在昌江上下游竞相发展。元明清时期，浮梁的茶业、制瓷业进一步发达。元代，当地绿茶号称"冠玉天下"。清代，浮梁又成功制作红茶。1905年，江村天祥茶号的浮红获得巴拿马国际博览会金奖。在此过程中，瓷业也渐趋顶峰。元代在景德镇设"浮梁瓷局"，大规模创烧青花瓷。明代，设"御器厂"，发展出瓷雕及各类彩瓷。清代设"御窑瓷厂"，瓷器制作几乎到达无所不能的地步，商品"行于九域，施及外洋"。为了管理茶、瓷业的繁杂事务，清代浮梁县的衙署规模宏大，官员高居五品。晚清后，国运艰难，百业萎顿。民国五年（1916年），迁浮梁县治于景德镇。1949年，析浮梁置景德镇市。同年，迁浮梁县治回旧城村。1960年撤销建制，千年古县终于消失。1988年，在各界人民的努力下，浮梁复县，建县治于旧城与景德镇之间的大石口，上属景德镇市。浮梁获得新生，它与景德镇的隶属关系也实现反转。在这段曲折的历程中，上游的聚落都在扮演着不可或缺的角色。它们各具光彩，此起彼伏，如同众星捧月，与浮梁、景德镇美美与共。

# 磻溪

摘要

地处浮北山区的磻溪位于一条西南到东北的盆地中。村落坐北朝南，居高临下。三条小溪在村西合流后绕村南向东北而去。汪氏宗祠背靠北山主脉，隔水正对南山中峰，形成村落的中轴线，统领着两侧的密集民房。村东做风水林封护上游财源，四周建八景支撑聚落形势。自唐以来这里就以茶叶闻名，入清后更成为浮北茶号集中地。其民居逐渐演变为包含制茶工坊和店铺的茶号建筑。住宅的工坊要和厨房分开并且开大窗、升气楼以便获取充足的阳光和气流，房屋的天井常被加上玻璃以便得到干爽的室内环境。

关键词

磻溪，浮梁，红茶，茶号建筑，乡土建筑

磻溪位于浮梁西湖乡东北部，坐落在两列西南到东北的大山所夹持的盆地中（图左）。村西的北溪发源于北侧大山，穿青云桥后合西侧西溪向南，于南侧大山脚下汇入西南而来的南溪。合流绕村南向东北而去。一条过境小路与南溪伴行，由此上达西湖乡，下达小江村。唐代，磻村是潘姓居住地，名潘村。明洪武年间汪氏迁入，始为潘家女婿。后来汪姓逐渐兴旺，而潘氏外迁。明万历年间汪氏宗祠落成。房屋背靠北山来龙，正对南山主峰，成为村落的中心。从过境小路到达祠堂的南北向道路便成为祭祀流线。人们在沿线建造戏台、广场来增加气氛，于两侧密排民房加以烘托。由这些建筑形成的十几条"丁"

1 益源祥
2 汪氏宗祠
3 三座民居
4 广场
5 戏台
6 水井
7 风水林
8 青云桥
9 北溪
10 西溪
11 南溪

字形支路，不仅可留下从主路而来的福运，也能在战时迷惑外敌。为了护封水尾的财气，人们在村东种植了密密的风水林。楠木、白果、香枫等乔木在此遮天蔽日、树影婆娑（图右）。它们向南山逼近，仅余一道缝隙放水而出。这些林木聚集着水源，进一步滋养山脚下的饮用古井和林中的防火池塘。随着村落形制渐趋完备，各项建设在周边也逐步成型，遂有八景之说。因家族势力日盛，人们改潘村为磻溪。新的村名包含了潘的番字旁，增添了汪字的三点水，且和姜子牙的垂钓处同名，反映了磻溪人慎终追远、从容自得的生活态度。

## 总体布局

图左 航拍
图右 古树群

# 阳基

图上 古图

　　这是汪氏宗谱记载的磻溪阳基全图[1]（图上）。图中的村落格局远较目前完整，且富有层次。只见致密的村内房屋簇拥着中间的主路及其"毯场"。而"两石接涧、库坞仙踪、仙掌擎珠、鹰巢古刹、双溪汇

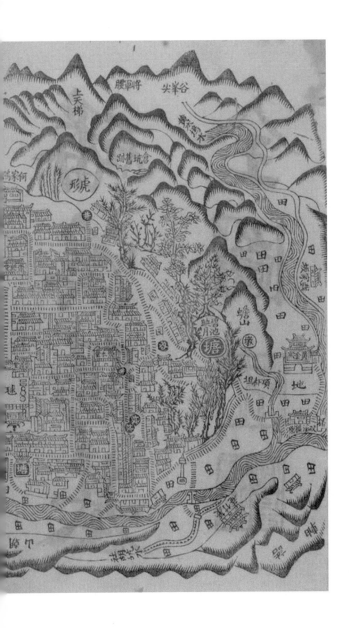

源、碧池映月、仓坑旧迹、绿竹禅庵"这八景则环村而列，支撑着村落的外势。

# 茶号印章

图左 汪腾篷号

　　早在唐、宋、元期间，磻溪人就利用当地优越的自然环境以采茶为业。入清后，福建红茶由铅山传入。起初有皖籍茶商于邻近的秋浦设庄监制红茶。磻溪因位置靠近，次年就学会这套工艺，便开始在当地试种红茶。因磻溪有一种名叫九节兰的兰花与茶树同期开放，其香气能使当地红茶比闽红更多一丝清韵，磻溪红茶名声渐起。清末，当地汪宗潜、汪孔杏等人成为长江中下游的著名茶商。过手的茶叶或从九江、汉口北上经俄罗斯到欧陆，或从上海达英美。因周边地区的茶农竞相将茶叶送到磻溪销售，磻溪便成为浮北茶业集散中心。由于本地茶叶声名在外，或有商家加以仿冒，有的茶商便刻了印章作为标记。汪腾篷号印章即为其中一例（图左）。印章以木板剔底，长24厘米，宽18.5厘米，采用横向卷轴形，既模仿圣旨的形态来表明它的分量，又象形文房的门匾来附庸风雅。其内容图文并茂，左边卷轴雕刻茶树，右边卷轴雕刻兰花，中部则是阳刻的楷书文字。一般的印章只有寥寥数字，如某记造、某某堂监制等。这个标志却有128字，全为阳文楷体，内容是："本号向在浮北磻溪开设茶栈，采办诸峰名岩云雾茶叶，提选雨前上上白毫乌龙，自唐迄今，驰名中外。所有各色茶样名自不匮赘述，唯我茶奇异香，美佳味，唯□名言，兼之本号不惜资本亲自监督加工制做。此白毫乌龙之名希图久远。近因人心不古，以假冒真，鱼目混珠，爰我号特立内票为记，庶不致误。磻溪复隆昌主人谨识。"印章上写了这么多的文字，一方面表示茶号的生产地点、工艺、品质而具有广告效应，另一方面也加大了仿冒难度。在这些文字中，还隐含了大量变形字。一种是根据字形进行增减笔画，如"雨前"的"前"字，上面少了前面的一点。这就是暗示雨前的茶叶被采摘了。另一种则是对某些字形的笔画进行长短、粗细方面的加工，如"美佳"的"佳"字，单人旁的一撇就被加粗了，表示自己"甚佳"。变形字不妨碍一般人阅读，但却使外人疏于仿冒，而能让自家人一眼就知。印章并非由一块整木所雕，而是由上下两块木板拼成。上板厚1厘米，下板厚1.5厘米。上板是雕刻板，下板是固定板。作为重要的物件，主人完全可以用一块整木进行雕刻，何必用两块木板拼合呢？据收藏者说，雕刻板在三十年前收购时候就已开裂，但裂纹一直没有扩大。仔细看那两条裂纹，并不碍眼。它们从左侧的茶花中开始，一直延伸到刻字部分。后人猜测这或是店主故意用薄板雕刻，待它开裂后将之附在固定板上，以便保持其状而成为一种标记。另外，钉在两块木板上的铁钉，在木板正面也被砸成了铁饼。它们如兰花、茶花洒落在字里行间，让顾客赞叹遐想，令仿者放下执念。

1 汪氏宗祠
2 南山主峰

　　磻溪的峡谷从西南向东北延伸。村中最重要的汪氏宗祠位于溪流之北，坐西北，朝东南，与之垂直而设（图左）。建筑北靠大山龙头，前对两水交汇，远观南山主峰。因用地东西窄、南北长，故祠堂面阔仅三开间，进深则在仪门、祭堂、寝堂这三落的基础上附设前庭（图右上）。前庭中摆放一溜旗杆石，这是歙县同宗在祠堂建成时送来的贺礼。雄踞在旗杆石之后的仪门自然成为院中的视觉焦点（图右下）。房屋通高一层，门墙从廊柱退到步柱，在前方留出宽大的敞廊。廊顶为

# 汪氏宗祠

图左 对景
图右上 鸟瞰
图右下 正面

1 仪门
2 祭堂
3 寝堂

轩。门墙外表封木板，明间开门。廊柱顶部装斗栱支撑桁条，斗栱下方有连系的穿枋。这里接近檐口，受光强烈，故采用圆作枋并施加雕刻。枋下各间装格栅门，既阻挡闲人、家禽进入，也利于通风。明间格栅门中部的圆形拼板可稍微遮挡后方大门的视线。廊柱和步柱间架设月梁，支撑两根瓜柱承托轩桁。在月梁与廊柱交界的外侧，为了遮蔽榫卯之孔，挂狮子木雕。将仪门门墙退后而在前方装格栅门来加大进深的做法是汪姓祠堂的特色，这里也不例外。

# 仪门石刻

图上左 抱鼓石
图上中 螭龙衔灵芝
图上右 凤凰穿牡丹
图下左 日字柱础
图下右 月字柱础

  门墙明间大门前立有一对高大的青石抱鼓石（图上左）。它由上面石鼓及下面基座组成，用来安装门槛、承托大门。雄伟的基座可嵌牢高高的门槛，向前突出的抱鼓石能平衡后部门扇打开时产生的力矩。抱鼓石的雕刻简繁分明。上面的石鼓为了象形"鼓"，外表不施雕刻。它明净如镜，仿佛对来客进行一一鉴别。石鼓固定于基座的部分则被雕成鳌鱼吐云的形态，与石鼓形成红日初升的奇景。下方的基座采用须弥座样式，内外均施雕刻。前者是螭龙衔灵芝，为了衬托矫健的螭龙和艳丽的灵芝，以斜直线的万字符打底（图上中）。后者是凤凰穿牡

丹。由于这里的衬底是牡丹花，难以衬托同是曲线的凤凰，故将两者交叉放置，凤凰向左上角斜飞，牡丹向右上角伸展（图上右）。另外，在门边的步柱下方设置八角形柱础，柱础正面开券口，内部分别雕刻日、月和麒、麟（图下左、图下右）。日、月为明，寓意大明朝。麒、麟合称麒麟，隐喻纪念功臣的麒麟阁。这两者合体，有希冀后人为明朝效力的意思。

　　仪门门墙后附接两层楼。一层是通道及用房，二层是舞台（图左上）。前者三开间，明间是进入祠堂的通道，次间是储物房间。后者则将楼面分成五开间。明间最开阔，进深也大，是表演空间。次间面阔较窄，进深较小，以木板分成前后间。前间安置乐队，后间供化妆。乐队每边只能坐两人，前面设木栏杆，便于声波传送，后方是板壁，

便于声波反射。尽间则是边走道，用于疏散。其中东尽间向南出门可由楼梯下到仪门前敞廊中。这个楼梯为后来添置。原有楼梯在西尽间向庭院降落。在明间表演空间后部是太师壁，其两侧设门洞上下场。为了不遮挡视线，取消戏台明间前檐柱，仅用一根大梁飞架左右（图左下）。梁上挂吊柱，安装斗栱，用来支撑檐口的桁条（图右）。这根梁如果太大，就会影响照度；如果太小，强度又不够。于是在满足强度的条件下把梁做小，并将之刻成三段，使每段都显得粗壮有力，能与上面的吊柱及斗栱相称，避免了整根梁跨度太大而略显薄弱的缺点。

## 戏台

图左上　仪门后部
图左下　舞台大梁
图右　吊柱

为了消除吊柱底端断面的碍眼，在此垂挂花篮。花篮做得很小以便不挡舞台光线（图左）。在花篮、吊柱和大梁之间，填入的雀替遮挡它们之间的接缝。在吊柱上以丁头栱向外出挑，支撑三根桁条。之所以如此，是因为上部屋面需要出挑得既高又远，才能在遮雨的同时放入光线。况且，屋檐还置了飞檐，使得重量也跟着加大。为了防止单根桁条受弯变形，必须用多根桁条小间距承托。最底层斗栱的正面，在花篮上还放置花瓶形木雕来遮挡斗栱和吊柱交界的缝隙。因建筑面阔小，内部第一进院子的厢房被收窄为厢廊。厢廊檐口不设落地

## 舞台檐口吊柱

图左　花篮仰视
图右　斗栱仰视

柱，改用出挑的形式，可以不挡视线。为了进一步利于声波传送，厢廊的单坡檐和舞台檐口交圈，故离地面较高。如果要遮风避雨，檐口的出挑就要大。此处出挑采取和舞台檐口同样的多桁条承重形式。故在舞台、厢廊的交界处，利用舞台尽间檐柱出挑两跳丁头栱（图右），再出挑四跳层层扩张的"米"字栱来承托上部的一个角梁和六根交叉形的桁条。由于承担重量实在太大，在丁头栱的下方再做斜撑。此处已是阳光所到，更是目光所及，于是在斜撑上施雕刻。总体看斜撑和斗栱，有一柱擎天的气势。

　　将戏台前檐大梁底部挖平，便于声、光进出舞台（图左上）。在挖平处施双龙抢珠浅浮雕予以美化。用梁枋在大梁内侧表演空间的前侧、两侧做轩，簇拥中间的四角形藻井。前轩为弧形轩，紧贴前檐大梁，两侧为鹅颈轩，分别对应上下场的门洞，中间为盔顶藻井，正好在太

师壁前。鹅颈轩、盔顶藻井向屋顶嵌入更深，空间更为高大，加之天花底部是平面，可如此便可提供有效的声波反射距离，进而加大混响。舞台稍稍出挑，在中部表演区边缘卷起低矮木栏，意在减小地板声的直接传播（图左下）。木栏的栏杆对着观众，它们被雕成表示气节的竹节状。在前檐尽间置隔扇遮挡内部疏散区。隔扇和舞台前缘间形成一条浅浅的走道，在此将栏杆加高，以免倾跌。这里无须遮挡声线，于是将栏杆纹路做成冰裂纹，暗示冰清。太师壁左右的门洞上架设浑厚月梁。月梁侧面开窗剔地雕出人物戏文（图右）。人物的头、手等部位多为损坏后的修补。这里曾用高锰酸钾做旧。当时看起来比较协调，但时间长了之后就出现反白现象，有一种奇异的效果。

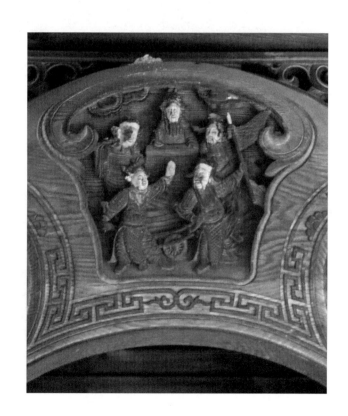

## 舞台藻井

图左上 大梁底部
图左下 舞台木栏
图右 月梁雕刻

# 祭堂

图左　抬梁结构
图右　前檐口


　　厢廊内壁用木板封面，这种形态和质感利于反射声波，使之到达祭堂的损耗降低。祭堂名为惇叙堂。惇序者，"依长幼亲疏之序，互相亲厚"也。房屋建造在高台基之上，可供人轻易观演。此处是祭祀、观看的场所，空间阔大才好，故将三间全部打通。明间正贴采用内四界附带前后双步的抬梁结构，边贴是穿斗结构（图左）。明间步柱地面比廊柱抬高一个台阶（图右）。在两者间架设小型月梁作为双步，上面立瓜柱支撑轩桁，架轩顶。在其后的内四界中，厅后又抬高一个台阶，更便于神灵看戏。这种将祭堂地面连续抬高的做法是常见的。在此处架设大型月梁，立瓜柱支撑脊、金、步桁条。月梁与柱的连接处均用插拱和坐斗。坐斗较小，正好嵌入梁端的底槽中。瓜柱与月梁间通过坐斗连接。因瓜柱高宽比大，且直径小于上面的桁条，为了预防结构失稳，故在柱顶的椽下增设一道平行的花板。由于前轩廊进深大于后轩廊，内四界屋顶与外部屋顶并不完全重复。前者屋脊位于后者屋脊后下部。故内四界屋顶的南坡与室外屋顶间还有一个隔层。

祭堂空间高敞。前廊柱分两节，下部是石质，以之避水耐腐，上部是木质，以之做榫卯交接（图左）。木柱顶端设斗栱，承托出挑的屋檐。在木柱外侧用木雕狮子弱化石木接缝及梁枋榫卯的开口。这里位置重要，光线明亮，故雕刻生动细腻。其中左边是公狮盘球（图右上），右边是母狮戏子，均作向下扑地状，将面部展现给来者。祭堂地面用条石铺装。明间做成回字纹，两侧次间是顺纹。大厅柱础为八棱花瓶形（图右下），圆顶瘦肩，撇腹收底，不占过多地面。廊柱柱础稍高于步柱柱础，既是接近天井要进一步防雨所致，也可使两者承托的柱子大体等高。为了防止开裂，在步柱的底端套有铁箍。

## 祭堂廊柱

图左　石柱与木柱的交接
图右上　公狮盘球
图右下　柱础

在祭堂后檐两侧接厢廊（图左）。由于第三落的寝堂屋顶远高于祭堂，因此厢廊的结构是从祭堂开始而插在寝堂屋顶之下的。厢廊一开间，由上、下两榀屋架组成。下榀屋架利用祭堂结构形成。该屋架后檐柱与祭堂后檐柱共柱，前檐柱则架在祭堂的大枋上。上榀屋架稍有不同。它的结构与寝堂是分开的。屋架也由两柱支撑。后檐柱支撑在祭堂和寝堂间的大穿上，前檐柱则支撑在下榀屋架前檐柱和寝堂之间

1 祭堂
2 厢廊
3 寝堂

# 厢廊

图左 结构
图右 大梁

的大梁上。这根大梁的做法和舞台檐口大梁有点类似。其内侧保持半圆形，外侧则雕刻成半圆形和扁形两部分，然后将上榀屋架的前檐柱骑在交界处（图右）。由此看去，厢廊的结构是独立的，它与寝堂之间的空隙也是明显的。这种状态利于阳光和气流进入寝堂。由于这里比较明亮，故对扁梁外表及吊柱、斜撑进行雕刻，并且给吊柱底部安装满雕花篮，使之精美动人。

# 寝堂

图右 明间龛洞

　　寝堂名敬爱堂，用来安放祖宗牌位。建筑地面再升一级。房屋三开间，左右次间和厢廊相接，与前方的祭堂围成横向的狭窄天井。明间正贴是抬梁结构，边贴是穿斗。房屋内部由祭拜的前廊和供牌位的壁龛组成，是一个通面阔的水平展现空间，它处于祠堂纵向发展空间的末梢，其陡然的变化令来者动容。不仅如此，它在进深方向依旧有着层次。大厅以一排中柱为界，分成前后两跨。前跨为祭拜场所，后跨做成高台上的龛洞。龛洞因开间分成三个（图右）。中间最为宽阔，两侧较为狭窄。每个龛内都做成台阶形，以便看到后面逐次升高的牌位。东侧龛内安放红色的男祖牌位，西侧龛内安放绿色的女祖牌位。中间安放如越国公汪华等地位最高的先人。龛洞门口悬挂落，下部围雕花栏杆。它们是后方牌位的守护者。

# 寝堂柁墩

图左　梁架
图右上　人物柁墩
图右下　寝堂

　　每隔30～60年修谱的时候，左右二龛中的牌位会在登记入谱后火化，以便腾出地方放入新的牌位。在前廊柱间，施加月梁、斗栱。廊柱和金柱间，也有月梁，上面还以罕见的人物形柁墩承托穿梁（图左、图右上）。穿梁与檐口枋木间置藻井。藻井圆穹隆形，与戏台的方形藻井相异。当地人认为前者象征清朝官帽，而后者象征明代官帽。在圆藻井下方，龛前摆放了一张供桌。供桌分成三段式，桌面喷出，腰部内收，腿三弯。卷窝形的底足踩在木垫上，并向外卷起花叶。华美的供桌正好处于平素的龛台腰部，可相互映衬。袅袅烟气由供桌缓缓升向藻井，变成丝丝祥云后消散在梁柱间。这座建筑进深小于祭堂，但高度却过之，为的是接纳掠过祭堂屋顶的阳光，使之照到祖宗牌位上（图右下）。

1 祭堂
2 寝堂

1 前院
2 辅房
3 主房
4 工坊
5 气楼

鼎盛时期的磻溪有几十家茶号。它们一般由住宅加上工坊或店铺
组成。益元祥茶号即为住宅和工坊两部分（图左）。建筑位于村西。用
地是西面窄、东面宽的长条形。工匠将它一分为二，西部安排工坊，
东部安排住宅。住宅坐北朝南，附前院，院门朝东。住宅的主房位于
中部，而辅房位于东部。这种安排可以使辅房的厨房和工坊分隔开来，
避免气流交叉。房屋均为两层。主房为四合天井形，两山设封火墙。
辅房则为附接在东山墙的三坡顶。此顶无山尖，可避雨侵。为了方便

# 益元祥茶号

室内加工茶叶，工坊面积较大。制茶过程不仅要求空气质量好，不能串味，还要有足够的光亮和干爽的环境，故在主房西山墙附接带有双坡气楼的三坡顶。当地人称，这座房屋还是镇煞之形。村落西面三溪并流，建筑因占满用地而为船形。工坊西端的船头则为出入口，可吞食水流之财，弥补院门朝东的缺憾。由于用地西面收窄，工坊的前、后檐口从东向西便逐步升高，使得小船具有破浪的气势（图右）。因为西边的上游还会有"煞气"进来，故船上应有守卫的神兽。屋顶的双坡气楼就是对虎头的仿形。

为了增添虎威，工坊前后檐在西端还做出如同船帮一样的垛头，隐喻老虎趴地的双爪。两爪间的工坊大门（图左）采用竖板拼装，便于货物进出，因为有虎头和虎爪护卫，故能大尺度敞开。门框在门洞中稍微向北偏移，取得了对水的朝向。此外，在主房南面大门口，还有一只形似老虎的神兽（图右上），当地人称之"吞天兽"。它位于大门石过梁中部的龛中。神兽呈趴伏状，右腿向西蹬出，左腿向南迈进，双爪向前试探，头则向西扭去（图右下）。虽然住宅前院的大门为了方便而开向东部村子，但它却朝着相反的西部看去，为的也是盯住那里的"煞气"。头部的扭动带来身体的弯曲，使之富含弓一样的张力。雕刻采用剔底的方式，可以节省材料，减轻自重。龛中不沾雨水，能常年保持洁净。为了减小遮挡，便于雕刻，龛做成口大底小的斗形，其侧面雕出莲花瓣，起到烘托作用。龛的外缘两侧则做出浅浮雕的草龙纹，使得深龛和光洁梁表的过渡不那么生硬。

# 茶号出入口

图左 工坊门
图右上 住宅入口
图右下 吞天兽

1 民国茶号
2 汪东林故居
3 刀刃形屋
4 茶花
5 焚化炉
6 凝秀匾

# 三座民居

图左 屋顶
图中 鸟瞰
图右 焚化炉

　　磻溪的民居大多数也是主房加辅房的结构。主房有内天井和天井式。辅房则是比较简易的双坡顶。主房如果是天井式，一般会在天井上方加上双坡形、四坡形的玻璃顶来遮蔽雨水，形成较干燥的室内。无论是哪一种主房，都喜欢在二层的前檐墙开设大窗以获得较多的阳光和气流。上述两种做法都是有利于茶叶加工和保存的。位于村子西北角的一组建筑较有特色（图左）。建筑共有三座，组成倒"品"字形布局。前面一座地势较低，后面两座地势较高（图中）。北来南下的巷子交于东西向的巷子，在三座建筑间形成倒"丁"字形交叉。西侧的建筑是磻溪最晚的茶号，房屋直接采用民居的形式，建于1949年前的民国时期。建筑四合天井形，三间两层。前檐的左右次间上下均开大窗，明间内凹，形成入口的檐下空间，在此略作装饰，强调入口。东部的汪东林故居也是茶号。建筑由西北部住宅、东部工坊及南部院落、大门组成。目前工坊已经灭失。在院子西侧有一株500多年的茶花。当地人称，虽然这里的建筑已经重建多次，但每次建设都保留了这株茶花。住宅位于茶花之后，平面四合天井形，三间两层。明间设置砖雕门罩。天井上方罩有双坡的玻璃顶棚。建筑的主入口开在茶花东部。如果没有这棵茶花，按照门对上水的做法，主入口应该开在西侧朝西才好。由于大门东移，出入口与室外道路间出现高差。为此，采用一开间的门屋式入口，并将门前侧墙做成"八"字形，然后在其中安排台阶。这种做法使得出门者视野较好，避免与他人相撞。每年春天，茶花竞相怒放。红花落在石阶上，与青苔白墙映衬。主人不忍看它零落成泥，砌焚化炉于门西葬之（图右）。

　　南部的刀刃形屋地势较低。地块南临断坎，主入口只能开在北面。建筑和东部亲属房共用一个大门。门为门屋式，一开间，朝北。建筑用地呈东西条状，但很不规则，北边宽，南边窄，且这两边都是凹曲的弧形，其西边接近直角边，东边则是斜边，如同刀刃。房屋占满整个用地。当地人言，屋主家人曾担当清廷六品带刀护卫，故房屋有底气镇得住这个地形。建筑也由主房和辅房组成。主房放在较规则的西侧用地，辅房放在不规则的东侧用地。主房为内天井形，前后檐口都是弧形，三间两层。一层明间是厅，次间是卧室，两者的前方设内廊。明间檐墙开门，门上有门头窗，两侧次间开高侧窗（图左）。高侧窗的光线可由内廊照到卧室。厅的楼板在门头窗处抬高以便于光线进入。抬高的楼板在二层形成一个大窗台（图中）。为了使大窗台享受充足的日照，在前檐墙宜开大窗。由于下面已经有了门头窗，故将此大

# 刀刃形屋

图左 门头窗
图中 二层窗台
图右 便门

窗一分为三来保证结构安全。二层次间也设大窗。从整个前檐墙来看，窗户虽然较多，但它们大多分布在中上部，而实墙则集中在两个墙角，墙体的刚度受损不大。主房二层明间朝北还开设便门（图右）。此门下面就是断坎，人若上下，只能借助活梯。大型农产品可以由此吊装或抛下。此门位置避开北面巷子，门匾题"凝秀"二字。门下正对巷子的墙上则嵌入"泰山石敢当"辟邪。辅房也是两层，底层安排厨房和楼梯，上层是储存空间。为了便于茶叶制作和储存，辅房在前檐墙和山墙上也设大窗。

# 小江村

摘要

　　位于浮北小江村盆地中心、斜跨直线形河道的下渡桥采用了悬臂简支结构。逐次出挑的四层石条构成支点可缩短净跨；并置简支的三根石梁当作桥面可接驳路途；多块咬合的缺角石料砌筑墩台可稳固桥身。因两岸地貌和水文的不同，北墩较为宽大厚重，南墩较为短小坚实。

关键词

下渡桥，悬臂简支桥，石桥，小江村，浮梁

1 下渡桥
2 路亭
3 小江村
4 风水林
5 北溪村
6 风水林
7 白茅港

N

　　浮北小江村位于杨村河上游白茅港流域的一个直径约500米的盆地中（图左）。从西南角进入盆地的白茅港收东北山麓的支流后由东南角而出，将盆地分成西南和东北两个差不多大的地块。小江村紧接在南面地块的上水口东侧，沿水流发散成三角形。一条水圳由上游穿村而过，将有机养分送到下游农田。为使村落躲避北风寒气，在村落和农田间营造一道风水林。林中沿水圳养育水塘数口，可在旱时开闸灌溉。唐末宋初，江氏在此建村。太平天国后村落被毁。江氏逐步外迁，勒功黄姓遂迁入而成大姓。溪北地块的西溪村也偏于西部，位于白茅港到达此地的首要处。北流的溪水正好在此转向东南。为了抵御水流的冲击，村南临水处也植风水林。两村隔水相望，中有小桥连接。此桥坐落在两地块连线与河流的交汇点。它位于盆地中心，处在直线形河道中部，对四周的服务具有均好性。桥梁并非处于狭窄的水口，没有勾连山势的形态要求，故不设廊桥。因为只为通行，故桥向并不垂直于河道，而是稍微顺时针偏转，以求和两侧道路顺畅连接。由于不做廊桥，过往行人的休憩之所则由南面的路亭来提供（图右）。亭位于路南，面朝西北，正对溪流的上游，便于远观桥上来人。

# 桥址

图左　卫星图
图右　桥和路亭

　　桥址上下游的水体宽约10米，虽然相对笔直，但依旧带着拐弯的惯性。它们将北岸侵蚀成较高的台地，将南岸冲积成较低的平原。不同的岸基对桥型选取带来约束。工匠首先放弃了拱桥的形式。这里地处盆地中心，周边没有山体作为侧推力的支撑，北侧地势虽高，但南部地势较低。如果要造拱桥，南部桥台要很大才好。而且，拱桥一跨过河方可不挡过水，如此便会要求桥面很宽来保持拱券的稳定。当时的道路主要承担运输茶叶的功能，只要让挑夫斜挑担子能看到前方就行，因此路宽只有1.2米。为了节省工料，仅中间60厘米是石板，两侧30厘米则是碎石，故将桥做宽并无必要。另外，这里溪流吃水浅，不能行船，高大的桥拱也属多余。在摒弃拱桥的选择后，工匠也没有采取木板桥的形式。虽说在浮梁、婺源一带，木板构成的板凳桥非常普遍，但这种桥梁不耐久，且易毁于洪峰，只能就急用。为了长久之计，务实的工匠便采取石板桥的形式，即通过石墩支撑石板来跨过水面（图左）。这种方式也是费周折的。因为一跨过河的石板尺度巨大，难以开采和运输。如果在水中立墩而成多跨，虽能减小跨度、增加荷载，但也会减小行洪宽度，致使洪水漫溢。为此，这种简单的方案也被否定了。经过再三比较，工匠最后采取了悬臂简支的桥形，即在岸边设墩，墩上设挑梁，挑梁层层出挑，待它们缩减净跨后，再在上面放置大梁（图右）。

## 桥形

图左　桥梁迎水面
图右　南墩和台阶

## 结构

图左 挑梁细节
图右 挑梁和大梁

　　采用四层挑梁逐层上挑的形式，挑出总长达到2.4米。每层挑梁都是前端薄、后端厚（图左）。为了防止上层挑梁下滑，使其底部凸出而卡在下层挑梁前端。挑梁的一端向上倾斜，另一端就向下陷落，在凹陷处埋入巨石找平、增加压重，以便搁置大跨桥面。桥面由三块长10米、宽0.42米、厚0.28米的石条做成（图右）。它们并排放在挑梁上端，净跨仅为5.2米。长长的石条就位后看似仅压在第一层石挑梁的尖端，但实则不然。因为挑梁上面填料的重压，使得四层挑梁和压重合体为墩子挑出的牛腿。惊险的悬挑结构自然变成稳固的简支形式。为了紧固桥面，使之在洪水中不会错动，在挑梁和桥面间横放"工"字形的丁石进行限位。

# 桥墩形态

　　桥的走向和河流并不垂直，表面上看是为了和斜交的道路顺接。其实还能引导一股水流冲向由后方高岸基抵住的北墩。南墩由此也会承受一部分由北墩挤来的水流（图左）。两墩的适当阻水可降低水速，保证桥后岸基安全。这就是墩子必须接受的外部任务。从自身来看，墩子还必须固牢上面的挑梁和填料，以求在激流中保持一体。在上述两个要求下，墩子做得异常宽大厚重。虽然它们不在水中，已经类似桥台的形式，但也在上游做了分水尖，因为洪水漫到两边田地是经常发生的事情。如果将墩子分成桥台和分水尖两部分，那么，每边桥台的尺寸基本是接近的，南北长4.6米，东西宽4米，高4.8米，但分水尖却是北面长、南面短，形态相异。北墩砌筑在较高的台地上，水流从西南斜冲而来，故在上游沿岸砌筑尖尖的雁翅墙。此处分水尖循雁翅墙而前，做长以便引导水流，故分水尖是常见的三角形，长度达到4米。南墩位于冲积平原上，承接着由北墩转来的水流。此桥台虽无岸基借力，但后方却有几个台阶相抵，为了使得分水尖不至于被水流折断，故将其做成长度仅为3米的不对称状，南侧靠着平原的为直线形，北侧面对水流的为折线形。

# 桥墩构造

图上 桥顶
图下左 北墩
图下右 南墩

　　南北桥墩均由石块严丝合缝地砌筑。石块大小相异，明显是就料的结果。由于位置不同，两个墩子的砌筑稍有区别（图上）。北侧桥台及分水尖用青石眠砌，竖缝错位，平缝通长（图下左）。南侧桥台及分水尖的竖缝也是错位的，但平缝并不通长（图下右）。前方石块的后下方常常缺了一个角，以便后下方的石块顶入，此法与挑梁类似。石块的稳定不仅依靠摩擦力，还借助了整体力量，更为坚固。两墩的桥台及分水尖间都没有竖直通缝，而是砌筑在一起的，即一块石头跨越桥台和分水尖两个部分。在南面墩台中，分水尖的折线处也由整石做成，不设通缝。桥由料石砌成。桥墩的石条可就近取得。但作为三根大梁的石条要承受长期的风霜雨雪和行旅重压，须精心挑选才好。不仅如此，开采的石料还要靠近桥址，便于运输。人们便以桥址为中心逐步扩大选料范围。他们首先要寻找裸露的岩石，以便直接明辨石头的纹理和质地。那些有水纹的石头并不能用，因为这是石料上的薄弱环节，在热胀冷缩或受重压时极易断裂。经过广泛的搜寻，工匠最终在距离造桥点约20千米的半山腰发现了合适的石料。石料的开采颇有技巧，需每隔20厘米插入一个楔钉，由一人喊口令，众人一起锤击楔钉，方可使石头从大山剥离。如果敲打不一致，石料会从中断裂。石料由大山上凿开后，要修筑一条下山的道路将之引到溪流边。路宜为土面，

以便拖拽石头时不会损坏。尽管大家十分小心，但还是有一根石料断成两截而落在半途。石头到了溪边后，只能采用人力运输。因为这里溪水较浅，无法用竹筏装载。溪水也很少结冰，且冰后易化，难使石块在上滑行。搬运时，石条每边要站20多名壮汉，一起沿着溪流边的河滩走。之所以如此，是因为河滩由水流冲积而成，转弯半径较大，可方便行进。河滩上的石头大小相异、高低不同，低挑石条的话极易碰撞损坏，故只能扛着走。由于人员密集在石料两边，无法看到周边情况，须一人坐在石头上担当指挥。遇到坑洼时，他就会告诉高处的人要稍微弯一点腰，运送的队伍像一只笔直的蜈蚣在爬行。

# 桥碑

图左 桥面
图右上 长禁碑
图右下 造桥碑记碑

　　桥梁建成后，硕大的桥墩、倾斜的挑梁以及修长的桥面构成了它的独特形象，并保证了它的百年无虞（图左）。为了告诫过桥者正确使用，并铭记造桥人功德，在两墩右手边各立一碑，以便来客阅读。北墩以缓坡接于村外道路，故在其西部立有禁碑（图右上），上面刻着"石桥长禁：推车者勿得在上经过，挑担者亦不许用铁杆"。当年的交通工具中是有独轮车的。为了防止包有铁皮的车轮对桥面产生损伤，故禁止通行。南墩以台阶和道路相接，东部则立有"造桥碑记"的石碑（图右下），上面将"磻溪境内做造江村上下二渡石桥捐输人名开列于后"。从碑文上得知，捐输最多者捐款四两，少者只有几钱。这些多寡不等的捐款决定了这是一项需要精打细算的民间工程。桥建造于清乾隆三十三年（1768年），名下渡桥。在小江村上游曾有类似的上渡桥，但毁于1870年，故此桥更显珍贵。桥虽然立在小江村，但碑中的"磻溪境内"四个大字，反映出上游茶市中心磻溪村的广大影响。

# 勒功

摘要

以军功得名的勒功村因临近小北港和白茅港交会处的上游而成为浮梁北部转运茶叶、窑柴的商业街和大码头。自唐代起，村中黄、冯、王等姓不遗余力，力图将勒功营造为风水良好的居所，他们不仅在上游的深山中竖立砖塔用来弘扬佛法、倡导文运，还在下游的水前建造楼阁以便守护财源、庇佑乡民。

关键词

勒功，勒功村，勒功街，双峰塔，观音阁

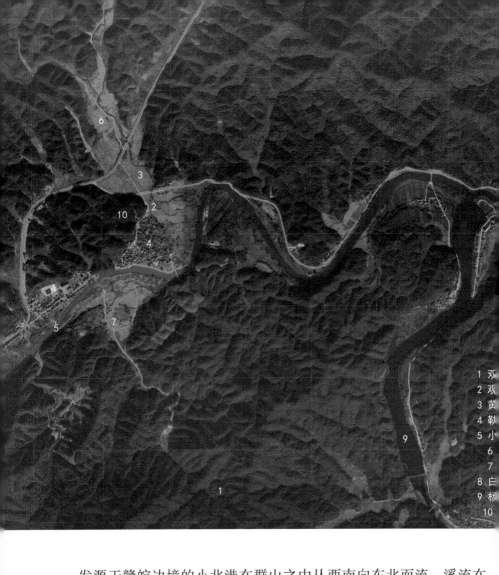

1 双
2 观
3 黄
4 勒
5 小
6
7 白
8 杨
9
10

　　发源于赣皖边境的小北港在群山之中从西南向东北而流。溪流在经公桥镇北收西湖乡之水，过勒功经几个狭窄的大弯到沧溪（图左），然后汇入北来南去的杨村河，穿江村、峙滩向昌江而去。勒功临近小北港与白茅港的交会处，是上游商旅借助徽绕古道南下浮梁、北上祁门的必经之地。它不仅因大河汇合而区位显要，也因小溪注入而地势宽广。在勒功的上下游各有一条支流。上游支流来自南面大山，下游支流则从北部盆地蜿蜒而来，它们各在汇入处冲积出一个扇形缓坡。南北缓坡隔河相望，势成一体。因其周边有九座形似巨龙的大山，故此地称九龙。北坡地连北部盆地，且位于大河转弯的汭位，很早就有先民居住。由于这里处在一个长条形峡谷的东端，地势开阔，交通便利，单姓凭农耕难以独占，故为百业杂姓所居。唐代，当地黄姓先祖因平乱有功，圣旨恩准勒石铭记，此处始称勒功。此后，黄、冯、王等姓在此竞相发迹，各显"勒功"之能。明代，这里逐渐发展成一条随着大河转弯的长街，名"勒功街"，街上酒坊、油坊、茶号、豆腐店等商家林立。在密集的店铺之间，还有通向两侧民房的闾门和小巷（图右）。北部巷子到北山而止，南面巷子一直延伸到大河码头。兴旺之时，每天有数百艘运输景德镇窑柴的船只经停此处，就连驻扎桃墅店的巡检司也曾迁来这里。

## 地势

图左 卫星图
图右 启秀门

　　勒功街两侧的店铺高两层，进深一进或多进，面阔二到三间不等。在三间房的两侧次间中，下水位通常会比上水位稍宽一点，这不仅便于区别使用，也是为了"拦财"。建筑采用内部木结构外包砖墙的形式（图左）。沿街面做成开敞的木结构门窗对外营业。两侧封火墙则向前出挑，凭之提供遮蔽。挑出的墙檐突出在街道上空，颇受风雨，故将之砌成利于滴水的塈头。此处位于人们视线中，常加以彩绘等装饰。由于封火墙高且薄，为了防止它们失稳，在前檐向两侧墙体砌筑台阶形矮墙以资扶持（图右上），望之如"凹"字。立面门窗则与此嵌合。

## 店铺和民宅

图左  一开间店铺
图右上  三开间店铺
图右下  民宅门头窗

底层明间安装可拆卸的活动木板门，以便进出货物，次间窗户则架在台阶形矮墙上。窗下的墙顶置木板充当柜台，配合窗口售卖。由于这些门窗经常启闭，故以耐用为主，不做装饰。二层小窗横跨整个面阔，它们处于檐下阴影区，一般不做雕花。普通民宅也采用木结构外包砖的形式，但前檐墙用砖封闭，故于明间门上设门头窗为内天井采光。有的门头窗横跨整个开间，尺度巨大（图右下）。

　　勒功黄氏尊儒崇道信佛。宋代，为了振兴勒功风水，黄氏对当地进行了堪舆和补位。最重要的举措有以下三项。一是在南溪上游双峰寺里增设高塔，取其清幽；二是在北山东端建观音阁，彰其形胜；三便是在北溪上游盆地中砌石拱桥，使其通达。这三者形成南北一线，形成勒功基本舆图。它们各守要道，唯放大河风水直接而来。拜谒寺庙须循南溪逆流而上。在穿越河口冲积扇之后，开始进入一条溪谷。人们在溪谷中砌堤坝，拦泥沙，使之冲积成一个个平坝薄田。水流或从平坝顶部跌落而成瀑布，或从底部渗出而为泉流。溪谷尽头是一个比较开阔的山间谷地，双峰寺即在其中。这里四面环山，五座山峰环列，形似盛开的莲花（图上左），名莲峰山。南溪从北向南由寺庙西侧流过，如莲花下亭亭玉立之长茎。寺创建于汉，目前已毁，仅存双峰塔。这里并非大河转弯，也非平原高台，而是一处山间洼地，故无登临远眺需求，塔内空间不必太大，于是放弃木构，采用易行的砖砌。建塔砖材疑为现场平地所得。砖塔不惧怕雨水。它位于盆地北部山坡的台地上，坐北朝南（图上中），前堂开阔。因其依靠的北部并非大山主脉，而是两座山峰的空隙，故名双峰塔。此塔模拟毛笔矗立在笔架形的双峰之前，可倡文运。如果从一层进去，正面的拱券正好笼罩在南面山峰的峰峦之上（图上右）。塔的重要特点是塔身的砌筑。塔身外

# 双峰塔

图上左 莲峰山
图上中 双峰塔
图上右 拱券
图下 下部空间

观五层，高19米，底层边长3.5米。每层的层高、直径逐渐缩小。底层特别高大，分成上、下两部分。下部比较高，南北设门，其余四面设有券洞。上部六面设有券洞。券拱用砖叠涩，顶部收为莲花瓣尖角。下部是通过式空间，上部才是上楼的起始层（图下）。上、下两部分之间顺滑连接，并没有平座和挑檐。塔采用"穿心绕壁"的登临方式，与浮梁红塔类似。二层较底层有明显缩进，且无挑檐和平座，疑后来已毁。从二层到三层直至五层，具有叠涩挑檐。五层的屋顶为攒尖式，并以葫芦收顶。

　　塔采用能够避风且具有明显中轴线的六边形。六边形内角为120°，砖块内角为90°。如何在少砍砖的条件下砌筑此塔是一个要点。工匠采用分皮扭转砌筑法。在每一皮中有两种砌法：顺砖法和丁砖法（图左）。不同砌法彼此相邻，相同砌法相互间隔。只要了解相邻的两种砌法，其余各面乃至整皮皆可明辨。在这相邻两面中，依照不同砌法，可将之分成丁砖面和顺砖面。从顺砖面来看，先在此面两头各自摆放一块顺砖，这块顺砖并不能占据这个由两邻面构成的理论上的120°角，为了均匀受力，将砖角居中摆放，使之与两面的夹角同为15°。然后沿着两头顺砖向内侧砌筑。由于顺砖面中部有券洞，而券洞侧壁是垂直于顺砖面的，因此顺砖必须逐步旋转，以便最终垂直于券洞侧壁。券洞两边的顺砖都行此法，如此便形成一皮内凹的顺砖。从丁砖面来看，先前放置于顺砖面转角的顺砖，恰好是本面的丁砖，它和本面的理论夹角相差15°，而另一端的丁砖也作如此摆放。丁砖面的中间也有与之

# 砌法

垂直的券洞。因此，当向内部砌筑丁砖时，也要逐步扭转，以求丁砖最终与券洞侧壁平行重合。这个弧度与顺砖面相同。在这一皮眠砖中，以同样的方法砌筑剩余四面，完整的一皮六面内凹眠砖层就形成了。然后在上一皮如法炮制，只不过要扭动一个面，使得顺砖面的上面是丁砖面，丁砖面的上面是顺砖面。如此层叠错位，可以逐层向上砌满一层塔身。由于砌筑每皮时没有砍砖，因此每层中的塔身收分不大，于是建造挑檐、平座，使得各层相对独立，以便从容做好收进，降低重心（图右）。

# 形态

图右　正面仰视

　　塔面内凹不仅是省工省料之举，从其他方面看也是很成功的。从结构上来看，它增加平面弹性模量、提高稳定性，并形成内拱来抵御内部砖块的崩塌（图右）。从造型上来看，凹形的体量使得不高的砖塔棱角分明，愈加挺拔。更令人称奇的是，因使用整砖砌筑此形所产生的楔形小坑，在光线的照耀下会产生三角形的阴影，它们仿佛是券洞两侧发散的佛光，使之更添神秘与伟岸。塔前枯木林下有两块碑，一块是双峰寺记，一块是双峰碑记，其碑题尚可辨认，其余小字均影像斑驳、字迹漫漶。前者碑额中提及的寺，至今更是无迹可寻了。此塔选址于凹地边坡，常受风吹日晒雨淋，却能自宋天圣年间（1023～1032年）落成后[1]，雄踞千年而不倒，想必和其规模得当、构筑精严有关。

　　勒功上游无须公共建筑来挡风水，只要开敞即可，故双峰寺并不沿河。但勒功下游是财源流出处，也是整个条状山谷的出口，更是北部靠山的头部。当地人甚至认为，插入东部两个盆地之间的靠山，如同缺少马首的马鞍、未能点睛的巨龙，故必须在东端造屋仿形，以便挡风水、标地界、迎商旅、指迷航。为此，发达的黄氏挑起重任，在这里选址建阁，供奉观音，以求诸事顺安。目前，建筑位于街道之尾，北山之东，处在北溪转弯的外侧，正对东部大河的南拐（图上左），位置良好。房屋不仅可避免洪水泛滥，成为大河上归航人们的指引，还能与北溪东侧的山包对峙，留住上游盆地的风水。建筑靠山面水，坐西朝东，采用三层楼（图上右）。这种高度在大量一二层房屋的村落中显得气势雄伟，且能依偎在大山之前而受其庇佑。由于建筑高度大，上部三面空透以便眺望。为了遮风避雨，采用歇山顶。建筑紧靠背山。后部骑坐在山石上而形成室内台地，前方凸显在大路旁便于接纳众生。这种落址产生两条进入方式。一条是拜谒流线，即从房屋前檐由大门进入底层大厅，直接参拜观音，还有一条是服务流线，即从房屋南面顺山坡由侧门进入内部台地，然后再下到底层大厅（图下左）。主人由勒功街从侧门而入，来宾由大路从前门而来，两者在底层神像前相会

后，可由神像北侧上台地，从小门步入街道。流线必须绕过神像北部，而非从南部溜过，能充分消解来人身上的"煞气"。由室内台地不仅可以出门到街道，下半层到底层，还可以上半层到二层，再上一层到三层。台地前挨太师壁，可遮蔽这里密集的交通。为使台地具有适宜的通行高度，将底层四坡形围檐中靠山的檐口变为双坡悬山式，并在后檐边角再做单坡顶坡向两侧围檐。悬山顶、单坡顶使得建筑与山体贴合紧密，仿佛是从山里长出一般（图下右）。靠山一侧的侧墙虽然高度较大，但有山林树木庇佑，风雨难以侵蚀。

## 观音阁

图上左 鸟瞰
图上右 南立面
图下左 南门
图下右 屋顶

　　柱网矩形，分层立柱。各层主要立柱上下对齐，从下到上逐层按
跨缩减。底层柱网因山石做出一些调整，不受拘泥。因各层平面逐渐
缩小，层高也随之递减，建筑形态比例匀称。底层五开间，进深五步。
明间前后金柱间是最重要的祭拜空间，其后方装太师壁，前方设轩廊。
轩廊上做月梁，施双狮捧球镂雕（图左）。狮子趴于月梁底部，仰面朝
下争捧彩球，为别处罕见。前檐大胆省略次间立柱，只用四柱（图右
上）。即将明间柱向外扩展，并用一个跨度很大的月梁，与两侧尽间
的梁连成一线，共同承担上面的斗栱。如果檐口采用与上层开间相同
的柱子，柱距会因层高变大而显得局促，故在此减柱。这种做法和祠
堂、住宅前檐口的大跨度梁类似。底层侧面设置外墙，封闭因骑坐山
势而产生的台阶形缺口，避免两侧路人窥探，确保观音神像直面东部
的大河。为了使得底层大厅明亮，前檐口开敞，只设防止家畜和野兽

进入的格栅。明间格栅门的立柱向上延伸到梁底，在抵住大梁的同时，也固定自身。由于这两根立柱很细，因此并不影响立面的三开间形象。除了檐口大梁以外，一层的主要梁坊都采用了月梁。月梁受力条件好，但难以和楼板贴合，故在月梁上设柁墩、架小梁承托楼板。在月梁顶部和楼板底部的空隙中填充雕花板。它们被雕成空透的螭龙、卷草形，在太师壁前呈现出生动的剪影。由于雕花板透光，也使得深色的天花藻井不至于灰暗沉闷（图右下）。

## 结构

图左 底层轩廊
图右上 底层前檐
图右下 底层前看

　　到二层的楼梯在底层的靠山屋檐下。二层平面为四柱加围廊的形式，周围不装隔扇窗，便于向东、南、北三面眺望（图左）。到三层的楼梯位于太师壁后部，它突破二层屋檐，正好被三层挑檐所覆盖（图右上）。由于这里靠近大山，风雨较小，故可行。三层平面最小，仅为方形，并无围廊。室内后部是太师壁，前面装牌匾，两侧安排隔扇。为了进一步凸显房屋的正面，节省功材，在突出的前檐柱上放置斗栱，其他方位的柱上只做斜撑（图右下）。观音阁自宋代黄叔道建成后，屡废屡建。各姓均希望通过建造这座房屋来庇佑当地福祉、显示家族荣耀。据"重修观音阁碑记"记载，南宋绍兴年间，由黄梦柏、黄梦松重修并更名迎官阁；明天顺年间由冯诚重修并改称三圣阁；清乾隆年间再次重修，称关帝阁；1946年，王占元集资重修，易名观音阁；直到1991年，王铎组织村民进行保护性维修，并最终定名为迎宾阁，自此，各姓的竞相勒功之举方才尘埃落定。

## 二层与三层

图左　二层空间
图右上　楼梯洞
图右下　三层空间

# 沧溪

摘要

由朱姓建于宋代的沧溪位于昌江支流的北河流域，地处白茅港与小北港交会处。村落北靠五座支脉构成的大山，隔水遥对南面的"一"字形案山。村中房屋由主房、辅房、前院、大门组合而成。主房两层，天井式或内天井式，两侧封火墙，前后双坡顶。辅房一至两层，附接在主房侧后方，单坡或双坡檐。建筑前方是前院，上水放大门。在村落西侧，从蜚英坊向北，建造三贡坊、店铺、祠堂、书屋等公共建筑，并借此形成村落的南北流线。在村落南边，设置从村西节孝坊经蜚英坊到村东上游的过境道路，并在其北侧造防洪堤，且于堤上密排具有装水门楼的各式民宅。

关键词

沧溪，乡土建筑，民居，装水门楼，牌坊

1 白茅港
2 小北港
3 杨村河
4 东山
5 东北山
6 西北山
7 西山
8 南山
9 沧溪

　　浮梁北部的沧溪坐落在昌江支流的北河流域，处于白茅港与小北港交会处（图上）。发脉于皖南牯牛降的大山从西北向东南衍生，其东部分叉且向南旋转，形成东山、东北山、西北山、西山这四条支脉。它们和南侧的南山围成一个盆地。白茅港绕过东山的东南角进入盆地，于盆地西南角汇入东来的小北港。合流从南山偏西的缝隙中南下。由于缝隙开口狭窄，又因两河对撞，洪峰之日，流水拥堵，故在上游冲积出不少泥沙。在白茅港之北，形成了半圆形的掌状缓坡地。宋代，朱氏来此定居[1]。村落始祖为西汉朱买臣之后，曾迁居杭州、黄墩。

其后人朱迁再迁入浮梁县兴田乡朱家营。朱迁有七子，每子分迁于浮梁北部一处，称浮北七溪。这七子分别成为各溪之祖。后来，人们用辈分字号给村子命名，这里是沧字辈，故称沧溪[2]。又因此处碧水环抱，沧溪之名便流传至今。

区位

图上 卫星图

# 历史

图上 西面鸟瞰

　　朱氏始祖迁来此地后，为了避免水患，他们将村落选定在白茅港北岸，即掌状坡地的东部（图上）。这里地势较高，且对着南面的"一"字形案山，位置良好。但它存在以下不足：第一，南面的溪流会发大水，这里有洪涝的危险；第二，西侧为大片洼地，村尾并无收束；第三，村中溪水流量不大，取水困难。为此，村民在村南砌筑石挡墙防

洪，在村西建造村门、祠堂等公共建筑作为封护，在村中则兴建水利，筑坝开圳，挖井设塘。在上述条件的滋养下，人们在此以耕田采茶为业。随着经济繁荣、生活稳定，沧溪人文逐渐蔚起，出了不少文化人，有"三举五贡四十八秀"之说。其中明代后人朱韶中了榜眼，任池州知府，他曾在明正德十五年（1520年）建立牌坊祭祀作为帝师的先祖朱宏。

# 布局

图右 航拍

村中有两条主路。一条是过境交通。道路位于防洪堤前，始于节孝坊，经蚩英坊、尖角屋、凉亭屋、分户屋而到白茅港上游（图右）。另一条是村中干道，始于蚩英坊，经三贡坊、祠堂而到先祖坟墓，它连接案山和后山，可作为村落的西侧封护，代行下水口职责。在此流线上，于祠堂门前另设支路经店铺、明代住宅而到村东靠山宅、调解房。

1 节孝坊
2 蚩英坊
3 三贡坊
4 "倒脱靴"宅
5 店铺
6 切角屋
7 照壁
8 花屋
9 戏台
10 祠堂
11 耕字书屋
12 墓葬
13 两座明代住宅
14 蚩公进士第
15 及公进士第
16 店铺
17 西部屋
18 靠河废墟宅
19 尖角屋
20 新屋
21 凉亭屋
22 分户屋
23 靠山宅
24 调解房

# 村落的案山

　　村落布局是行列式。出于采光通风及景观的考虑，横向的房屋间留有空隙。除了巷子、南面的院子外，主房二层也会将前檐退后，如此就进一步增加前后建筑的间距，再加上后排房屋的地形逐步升高，因此，前排房屋对后排的遮挡并不大。从每家主房的二层前檐下方，

目光可越过前排房子的屋脊而看到案山（图上）。这里的案山有一个好
处，它的基本轮廓是"一"字形的，没有明显的主峰，既能为沿河展
开的民居提供较好的景致，也能为后排的房屋提供普适的位置。山体
由于屋脊的遮蔽而脱离和尘世的接壤，如巨龙横亘在村前，非常壮阔。

# 窄巷

图左 过街楼
图右 券洞

因为地形北高南低，道路为方形网格体系，村中的建筑便坐落在更小的方格地块中，坐北朝南，呈行列式排列。为了节约用地，这些房屋占满边界，且多为两层，它们之间便产生了很多窄巷。人们在巷口建造券洞，既可以巩固两边的住宅，又可以写上匾额，标示内部的里坊（图右）。有的人家还将巷子两边的房屋通过桥的形式连起来，形成过街楼（图左）。人们在楼上居高临下，闲时可欣赏风景，战时可监视外敌。

# 巷子的排水

图左　水沟
图右上　门前铺地
图右下　门前台阶

　　巷子不仅是陆路交通，也是排水途径。排水沟一般位于道路一侧，很少设在两边以免道路变窄（图左）。水沟或因承接屋顶滴水而在道路两侧摆动，其连接处在路下形成暗沟。这种做法可以缓滞流水，削弱冲击力。路面铺装石材。大块石板铺在路中充当主要行走面，推车、步行两相宜；中等的卵石垂直于道路砌在沟缘，用来固边；较小的卵石则填补在它们之间。由于卵石较小，为了砌筑牢固，将它们竖立起来嵌在路表，排列成鞭炮、鱼鳞等形状，雨后行走在上面，不仅防滑，且不湿布鞋。在住宅门前，道路铺装会提高标准（图右上）。此时往往用条石满铺，并一直覆盖到墙根的水沟上，以便扩大门前使用空间。由于巷子狭窄，建筑常采用内凹式入口安排门前台阶。如果在路上设置台阶难以避免，要将之小型化，甚至做得比大门还窄（图右下）。

　　形制完备的民居由主房、辅房、院落及大门组成。主房和辅房位于后部，院子和大门位于前部。主房包括休憩、起居、礼仪等空间，辅房则是厨房、仓储及楼梯之所。将这两者区分便于因材造屋，防止火灾蔓延。为了加强两者连系，辅房一般要设在主房外围。它们附加在主房的前面、侧面或后面，可形成丰富的样式。主房一般三开间，中间是厅，两侧是房间，布局基本是对称的。但是，很多情况下也会将左右房间做出区别，以求符合心理预期、适应外界环境。比如，当地人以左为尊，左边的青龙不能低于右边的白虎，故房屋左侧常常要大些（图上）。又比如，当某一侧的地形比较低洼时，也会将这里的建筑做大做高，用来取得平衡。在村落东部的靠山宅即为如此。建筑位于小山南侧，用地北高南低。房屋坐东朝西，由主房和辅房组成（图下）。主房在南，辅房在北，这样就将体量大的主房放在较低处，而将体量较小的辅房放在较高处，对地形的不对称有所缓解。主房三开间，采用内天井二层带敞廊的形式，两侧做封火墙。因主房已有晾晒敞廊，故辅房能以单坡接于北墙，使其北檐低于山上大树，避免冲突。主房用地不是矩形，西边的南端向东内收。屋主为了充分获得室内面积，将南檐墙紧贴用地，如此便导致檐口挑檐向南逐渐升高，这在一般情况下是不能接受的。但是，由于地形北高南低，将前檐墙做成北低南高可以中和地势，使得外立面看上去更为稳定，故能成行。

## 主房与辅房

图上 不对称的立面
图下 靠山宅西面檐口

1 前内天井
2 后露天天井

## 靠河废墟宅

图上 鸟瞰
图下左 后露天天井
图下右 前内天井

　　主房多采用天井式，包括露天天井或内天井，建筑三间两层，内部用穿斗结构，外包青砖空斗墙。辅房一般一开间，双坡顶，附加在

主房侧面，也有辅房以单坡接在主房后部。此宅位于村南，南临过境道路。主房前后天井式，前面附设小院，院门在东南角，辅房已不存（图上）。主房三间两层，前为内天井，后为露天天井。对着两个天井的分别是明间敞开的前后厅。平面接近"H"形。此布局前暗后明，与一般前明后暗的规律相异。其原因是，房屋后原有一宅，目前已毁。在前宅的后墙上，还留有后宅的结构槽口。为了不影响后宅采光，将前宅的露天天井放在后侧，便于阳光从天井檐墙凹口处照射到后宅天井中（图下左）。前宅前面的内天井中，空间只有一层，并非贯通到二层，这种变通可以获得较大的使用面积。为了使得入射光更远且能照到厅堂深处，一层前檐墙开门头窗（图下右）。二层前檐墙后退，檐下开通长隔扇窗为内部采光通风。在一层前檐墙瓦垄上砌筑矮墙与两侧封火墙连接，可形成一个半围合的结构。于二层檐下和矮墙之间架上长杆，形成晒架。

# 辅房楼梯和吊洞

图左 楼梯
图右 楼梯和吊洞

　　主房一层包括前后厅、次间、厢房等。二层由于夏天热，冬天冷，一般不住人，只作仓储或备用。辅房常接在主房侧面，内部摆放杂物，前后贯通，也是两层。底层包括厨房、仓储等，开设高窗满足后侧采光，二层则摆放不宜受潮的物品等。为了利于主房一层举行正式活动，上楼的楼梯也安排在辅房中（图左）。这里家务繁杂，与上层联系多，故更为合适。楼梯为梁式。楼梯梁由一根微微拱形的原木从中间剖成，并从辅房后面向前面架在楼上。梁间插入踏步板，一跑上楼，正好到达主房的前檐处。此处光线好，便于起步收脚。由于楼梯梁拱背朝上，故能抗弯。辅房二层地板上多留吊洞（图右），平时用格栅门盖着，运输大件物资时，可打开此门上下。

　　房屋内部木构架、外部包砖墙。为了防水，砖墙下部要砌石台基和勒脚。台基是室内地坪以下的部分，勒脚则是室外地坪以上处。村口的临水建筑为了防止山洪，都要先做高台基，然后再砌石勒脚（图左）。台基用料比较硕大，常用当地毛石竖直砌筑，分层错缝，并用灰泥等填补间隙。石块受重力作用，上下便挤压在一起。角部是值得强化的地方，这里往往用大石头眠砌，两边上下交叉咬合，可避免左右墙体不均匀沉降。台基中间，也会用卵石填充。勒脚部分则常用卵石砌筑。因为这部分石头比较小，便于施工。卵石也是竖直错缝砌筑。由于它们之间的接触面不大，故能减弱水分毛细上升，使上部墙体干爽。考究的勒脚还在卵石之上用石板镶面作为护墙（图中）。在石勒脚顶部，要眠砌一层丁砖找平，然后才能砌筑墙体。墙体是夹心的，由内外表皮和中间的夹层组成。内外表皮都是两眠一斗、三眠一斗的青砖墙。内皮和外皮错缝相隔，中间留有犬牙交错状的夹层，可填充碎砖瓦或泥沙。沧溪民居的墙体外表一般会刷白色的石灰防雨（图右）。有的白灰从檐口一直刷到勒脚，有的白灰只刷在墙体上半部，有的甚至只刷成紧接檐下的一条白带。三种做法花费不同，因家庭条件而异。刷完整白墙的，整体防水性较好，也比较整洁，但工费不菲。刷上半部白墙的，是重点防雨之法。因为建筑比较密集，风雨只能侵蚀到上半段墙体，将这里敷灰更有效率。况且，刷白的墙体可以反射光线，对住宅的高窗采光有利。刷檐下白道的则是集中防雨。这里是墙体和屋顶的接缝处，有时甚至要用砖块砌筑成台阶状和倾斜的屋顶相交，故此处间隙较大，必须要用白灰色带盖缝。大面积的白色会引起刺眼的眩晕，但是白灰能巧妙地回避这一点。因为过了一个梅雨季节，由于内部砖块的吸水率不同，砖块会在白灰表面显出浓淡不一的霉斑。因挑檐的遮雨效果，霉斑上部较少、较浅，而下部较多、较深，整体上产生一种退晕效果。上面的白色较浅处，可用来反光，而下面的灰色较深处，能够营造舒服的视觉环境。

## 房屋墙体

图左　台基和勒脚
图中　石板镶面
图右　墙表抹灰

# 白灰上的彩绘

图左　天井两侧的封火墙
图右　墙角彩绘

　　耸立的封火墙屡遭风雨侵凌，拔起的墙头更是首当其冲。这些地方的石灰粉刷易于脱落，故在上面用油灰加固。此处也是光线明亮处，人眼多有看及。比如从祖堂向外看，前檐口的两片封火墙便出现在天井的上空（图左）。因此，保护墙头的油灰要美观才好。如此便衍生出房屋的彩画来。为了节省油灰，这些彩绘只是集中于檐口角部，大致呈三角形，犹如家具中角部的包铜（图右）。因为是高空作业，故以手绘为主，采用蔓草等曲线题材为宜，这样即使出现误差也不明显。其做法多在三角形的黑框内，先用笔画勾勒出蔓草、花卉等吉祥图案，并点缀以赭石等亮色，然后填墨色以衬托。由于图案纤细，加上其中的留白，因此它就像蕾丝一样罩在屋角，与建筑结合得很好。乍眼之下，图案好像是轴线对称的，但细看之后，却发现是旋转对称的。工匠一般会在指定的框架中自由发挥,使之疏密均匀得当。他们还在三角形的两角及斜边中部向外衍生较大的枝叶,不仅和易受侵害的区域吻合,也模仿了一种爬墙虎随风而生的效果。远看之,它们吸附在白墙上,如同斜飞的风筝。

　　沧溪的民居一般是天井式，主房的前方常附有院子（图左上）。入口有院门和主房大门之分。天井式民居一般要坐高望低、坐北朝南，以求易于排水、避风纳阳。其主房大门可以在天井的正中或者一侧，也可以开在厢房正面或者侧面，选择性较多。前院院门的位向和形态则更加灵活。它可以是与主房同向的比较宽大的门屋，也可以是偏转的狭窄门头（图左下）。院门要耐雨才好，故常用砖墙承托双坡顶。由于周边建筑密集，如果采用悬山顶的话，边边角角比较多，在狭窄的巷子里会突入人的视线而引起不适，于是将两片承重墙升上去，形成封火墙的形式。在明代的一座蜚公进士第中，就采用了这种屋顶（图右

上）。门屋式大门位于院墙东南角。建筑院墙比较高耸，几乎和大门的屋顶齐平。但即使如此，也将大门边的山墙升到屋顶以上，以示强调。这座大门的门前是一块小空地，因此，大门直接开到这块空地上，然后再转入过境的巷子中。夹持坡屋顶的两片山墙并不是一成不变的，也会做成外八字形，便于从外部进入。而且，两片墙倾斜的角度也可不同，以便和道路契合。在院墙比较高的情况下，这种独立式大门的形态并不是很突出。如果院墙低矮了，这种大门就凸显出来，由此诱导装水门楼的产生（图右下）。

## 房屋的院门

图左上　院门
图左下　偏转的门头
图右上　门屋
图右下　独立式门楼

　　由于院门与大门不共线，故房屋大门可直接开在天井南墙中间，正对大厅，得到比较好的进入观感。为了保护院墙中的木门，在墙上做砖挑檐（图左）。砖挑檐要出挑较大才合适，因此在其下方以砖作梁枋等构件用来支撑。梁枋构成供桌式，表面刻有蔓草、卷云等图案，成为立面上的装饰。在这些装饰的下方，遮蔽着一个木过梁，用来套装下面的两扇木门。在木梁下的门洞中，内侧墙体内凹成一个门龛，使得木门不仅在关闭时隐藏其下，打开后依然可以立身龛中。如此就可避免雨淋，且能收纳到位，不占天井一分。打开的双扇门以正面朝着大厅和天井，上面的门联继续对这些空间起着点缀和烘托作用。天井不大，地面用青色的巨石铺设，与周边室内地面等高。为了避免雨水溅落，在面朝檐口滴水处设深沟（图右上）。沟中置放横隔，横隔下设孔洞以便水体环流。出水口处，石板上雕刻一个鲤鱼跳红日的浮雕（图右下）。如果举办仪式需要扩大空间，可将木板铺于横隔上，室内地坪和天井就连成一体。

## 天井

图左　砖挑檐
图右上　檐沟
图右下　排水口

院墙大门采用门屋式，但主房大门采用贴建式（图左）。后者是进入室内的主要出入口，因此要做好防水、加以美化才好。这里位于雪白、光洁的外墙，只要构造适当，就能达到事半功倍的效果。沧溪有几处明代建筑的砖雕大门颇有特色。其做法是先在门洞周边用条石框架固边，然后在门框四周砌筑磨砖贴脸，最后在贴脸外侧用挑砖勾边，形成门洞口外廓。贴脸的大面是稍微内凹的，只有勾边突出于墙表，具有一定遮蔽作用。在门洞贴脸上面，还会用青砖构成挑檐。挑檐有供桌式和梁枋式两种。前者用青砖构成供桌式样，具有当地特色。供桌式挑檐由底座、束腰和喷面组成。底座以砖雕做成卷草纹券口，笼罩在门洞或贴脸上方。束腰由两根立柱夹持中间的堂心组成。堂心多刷白，可在此题字。立柱外表镶嵌万字形、奇花异兽等砖雕（图中），上面则是一根砖雕大梁，表面施八宝纹。大梁再支撑上面出挑的叠涩，由叠涩承托瓦件。门框和贴脸使大门干净整洁，挑檐能遮蔽落雨。后者本可以通过叠涩屋顶来完成功能要求，这里却采用比较复杂的供桌式样，一是为了题写匾额，二是为了连接下面的贴脸。挑檐的结构好比是"立"字，贴脸的结构好比是"冋"字，两者合起来如同"商"字。后人便附会这是当地人好商的暗示（图右）。

# 民居的贴建大门

图左 贴建式大门
图中 立柱砖雕
图右 "商"字门

# 高窗

图左 高窗
图右 木条窗和花砖窗

　　巷子很窄，建筑靠得很近，人们几乎贴着墙体来往。如果房屋内部要采光的话，就要用高窗，因为只有高窗才能接近天光，这样也能保护私密，避免干扰（图左）。此外，高窗的位置正好面朝对面的白墙，而白墙的反射光正好可以进入窗子。对内部空间来说，高窗能将光线引到房间深处，利于大进深的房屋采光。由于窗子位置很高，室内家具可靠墙自由摆放，为室内灵活布置提供可能。高窗启闭不便，故采用漏窗的形式，安装固定栏杆，不设窗扇。栏杆有用木条排成正交网格形，有用花砖拼成菱形（图右）。之所以如此，是因为它们的材性不同。木条韧性好，可以加工成一整根，上下左右插入木框中，横竖木条开榫后相互咬合，施工简单，却相当牢固。砖雕脆性大，只能由一个个小短块组成。为了利用重力，使得它们拼成拱形，逐层垒成"人"字形往上砌，故采用菱形排列为佳。砖雕虽然不如木栏杆牢固，但很耐久，受得住风吹日晒和雨淋。

## 二层窗

图左 前檐窗
图右 山墙窗

　　住宅的二层远离巷中人们的视线，安全性得到保证。由于其南面接受阳光也多，故在这里设置大窗，以求纳阳、通风、看景（图左）。因为上部墙体较少，这里的大窗只用硕大的木过梁，中间不设支柱。这种做法可方便晾晒杆和大匾进出。为了进一步保护私密，一些主房和辅房的二层前檐经常后退，并在一层的前檐口砌筑女儿墙。女儿墙可以搁置晒架，也能为后面的大窗户遮挡下面行人的视线。民居的山墙面却很少开窗，即使开窗，大多也采用小窗的形式（图右）。一是因为这里竖直的落地柱、瓜柱以及水平的穿枋比较多，开设大窗有所不便；二是由于山面面朝东西晒，晾晒时间短，没有开设大窗的必要。另外，山墙的地方经常排列着邻家的房屋，天光也不充足。如果要增加室内照度，改善通风条件，则以多个小窗为好。这些小窗一般布置在山尖附近，它们高达两砖，宽达一砖，直接用挑砖做过梁，砌筑方便。窗洞或单个独立，或者两三个一排，在墙面上大致均匀排列，尽可能使得墙体的整体强度不受损害。

# 节孝坊

图左 牌坊立面

牌坊全部由石材制作，面朝西横跨于进村路上。因地势空旷，故用三间四柱五楼的宏伟形式（图左）。这种形式看似复杂，其实由一间一楼逐步扩建而成。在此过程中，水平构件相互拉结，上下构件层层相扣。工匠先在两柱间架设上下枋，并在上下枋之间镶嵌格子板，写"旌表朱沂之妻张氏节孝"，由此做成一个明间。然后在明间两侧各以柱子、穿枋做成次间，在两次间柱端架平板枋，并于平板枋和穿枋间的格子板上写字，左为"坚贞其心"，右为"柏舟其志"，由此形成三间。其次在次间平板枋上立坐斗，做屋顶，并在明间柱端架平板枋压住次间的屋顶，在此再做坐斗，升起斗栱支撑上面屋面，形成三间三楼。最后将这个屋顶一分为二，在明间平板枋升起两个短柱，柱端承托顶楼平板枋。顶楼平板枋的侧面压着左右屋顶，下方镶嵌"圣旨"格子板。它的上方再立坐斗，升斗栱支撑顶楼屋面，最终形成三间五楼。由于牌坊石制，细节也要符合材性。每层屋面都用石板做成，不设瓦垄瓦沟。屋面以屋脊压牢，并将山尖处屋脊雕刻成起翘的鳌鱼，可防止大风吹翻。在最上层屋面的屋脊中部，还摆放了一个石头葫芦，用于增加压重。上三楼屋顶斗栱三朵，下两楼屋顶斗栱两朵，且都有转角斗栱。斗栱为片状，中部以空透的花板相连，前方以横栱拉接，既牢固，又不兜风。所有立柱均插入石头基座，非常稳固。为了防止牌坊前后晃动，在石柱前后设大型抱鼓石，它们就像插销一样，将柱子牢牢紧固。这四个柱础立在高高的台基上，可防水侵。抵御牌坊左右变形主要依靠穿枋和格子板。各间底层穿枋的雀替不仅可以减小净跨，对预防侧向位移也有作用。

## 多角度看牌坊

图左 侧看牌坊
图右 仰视牌坊

从陆路正面远观，牌坊的实体和透空部分各占一半，显得端庄静穆。由舟筏看其侧面，简洁的腿部托举精巧的屋顶，十分秀美（图左）。而从下面经过时观之，屋顶层层指向天空，不失伟岸（图右）。牌坊曾经毁于20世纪的动荡时期，只剩下一半残存的梁柱等构件。后人采用这些旧料根据旧制复建。目前颜色有些灰褐色的就是原来的构件。复建时，地点还在原址，但朝向从原来的跨路朝西改为现在的面湖朝南，与古制相异。

经节孝坊沿河边道路向东200米就到蜚英坊（图左）。蜚英坊是村落的第二座牌坊，地处过境道路和进村路的交会点。它的位置、朝向非常重要。坊建于1520年，是朱韶出任池州知府后为了纪念家乡先祖朱宏建造的。为了旌表朱宏的事迹，牌坊要高大醒目才好。蜚英坊几

# 蜚英坊

图左 正立面

乎达到了乡间牌楼的最高等级。牌坊用砖砌筑，不用石材，好处是明显的。这里处于村落之中，周边建筑林立。如果用石头、木头牌坊，其他建筑就会在牌坊空透的背景中显露出来，导致牌坊主体变得模糊。因此，用实体感很强的砖石牌坊，可以遮蔽后方的一些建筑，重点表现自身。另外，周边建筑二层为多，牌坊更要雄伟挺拔为宜。而用砖砌筑，从施工来说比较便利，只要收分得当，是能取得较高高度的。牌坊的设计也是从基本形加上辅助形开始。先做好中间的两柱一平板枋的构架，然后在两个柱子之间再做两根横梁，一根是平板枋下的上横梁，一根是柱子中部的下横梁。下横梁之下，嵌入一套青石门框作为牌坊的主入口。两根横梁之间是宽大的格子板，用于题写旌表的事迹。目前格子板上无字，有激励后昆的意思。上横梁上写着"登南畿甲子科朱韶"。这是旌表自己的功名。将它写在不大的横梁上，体现了承先待后的心情。在明间平板枋的中部，按照一般做法，会出挑叠涩、椽子承托屋顶。但是，这样的屋顶还不够高峻，于是在平板枋的中部树立两个瓜柱，打破原来的屋顶并升到屋顶之上，然后用这些瓜柱支撑平板枋，再在上面挑叠涩、椽子，盖四坡顶，形成最高的顶楼。此顶楼由于两边原有屋顶的扶持而显得稳固。被破开的这一楼，其屋顶截面向两边打开，因为上面已经有屋顶遮雨。之所以呈现外八字形，也是为了更大程度地获取到天光，增加顶楼的可视角度。

# 牌坊的九顶

图左 斜看牌坊

　　顶楼的两柱间，上下均有横梁，中间镶嵌格子板。但是上下横梁和格子板形成了碑的形式。上横梁好比是碑首，这里采用了深浮雕装饰，光影浓厚。中间斜方巾上雕刻麒麟回首衔着灵芝，左右各是菱形叠加万字不到头的卷草。下横梁好比是碑座，采用了卷草式壶门的须弥座形式。在上下横梁间的格子板如同碑身。上面用墨线勾边，写"蜚英"两个大字。蜚英，扬名的意思。这可能是朱宏没有做官，后人要建造牌坊不使得他的名声埋没。牌坊从顶楼的屋面算起，到地面已经12米。周边的民居为两层，加上起斜屋顶，总高约10米，牌坊的高度已经在它们上面了。在明间两柱外侧，再附加一柱，形成三开间（图左）。次间的整体要比明间屋顶低。其横梁接在明间格子板处，屋顶接在明间屋顶的叠涩以下。明次间屋顶分开，彼此跌落有序，没有干扰。虽然做出了次间屋顶，建筑的面阔加大了，但是前后稳定性并未得到加强，于是在次间端头，向前再架设矮墙。此墙垂直于次间墙体，如同扶壁。它的屋顶又在次间屋顶以下。由于矮墙和次间形成的阴角刚度较小，且晦暗不明，于是在此作斜墙填充，形成了外八字形，上面的屋顶也随之扩大而转弯。在扶壁外端再做一道影壁。这道影壁的屋顶紧接上一层檐下，其做法与前者相同。除了结构作用外，它可把来人纳入门前的半包围圈里，具有围合空间的好处。从这道影壁直到最顶楼，屋顶做了四次升起，共有九层之多。

　　牌坊后部也需要加强稳定性。这里朝向北方，阴影浓厚，且是密密的民居和巷子，地方非常狭窄，故既无必要也无可能像正面那样采取增加开间、扶壁和影壁的手段，只能在满足使用的条件下顺势而为。为了赋予牌坊以门的功能，在其后附加门屋（图左）。门屋以单坡接在明间格子板下部，可避免产生遮挡。其具体做法是在明间两柱外侧砌筑两片与之垂直的墙体，再在上面架设木桁条，作单坡屋面。屋子采用不出挑的硬山顶，利用升起的封火墙限定顶楼的后匾，营造视觉边框。墙体墀头对着来人，故在此施加彩画。单坡顶虽然利于排水，但

# 牌坊内部

图左 门屋
图右上 仿木梁架
图右下 对景

在室内山尖处有一个深陷的三角形，并不美观。如果风大，还会掀翻上面的瓦片。为此，在屋顶下再设桁条、铺望板，用来遮蔽那个凹陷。多加的这层结构还可固定两边墙体。山墙内壁用砖块隐起仿木梁架（图右上），既能以较厚的承载面托举桁条，也能起到美化作用。在单坡檐檐下设一根大梁，连接两侧山墙，并在其下方悬挂灯笼。此梁也称灯梁。灯谐音"丁"，有预祝人丁兴旺的意思。从村外看牌坊，层层跌落的屋顶与向前伸出的扶壁、影壁连成一体，如揖似迎。顶部蜚英两字在白色墙面的衬托下十分显眼。从村内向外部走的时候，只见大门深居于门屋底部，门框之内，溪水之前，两座山峰并如笔架（图右下）。

　　牌坊立在坡地上。门洞前设一级台阶，斜墙前设一级台阶，影壁
墙之前再设一级台阶，三个台阶形成连升三级的寓意（图左）。除了门
槛是整石以外，下面两级台阶都以大石条固边，卵石铺设。在三级台
阶前再用卵石砌筑地面。地面中间，另有一条过境道路的铺装从西向
东经过大门，路面也满铺卵石。为了防滑，卵石的方向垂直于道路走
向。铺地中间有一条用大卵石两两对拼的人行道。人行道经过牌坊门
口时被一块方形铺地覆盖。这块方形铺地里有白色卵石构成的三圈铜
钱式图案，象征连中三元。路前有石砌半圆形泮池。这个水池作用是
很多的。首先，它能确保这里不盖房子，这就为牌坊空出一块明堂，
确保其欣赏视廊永远存在。第二，水池可以收纳村落的肥水。水从牌
坊东侧小孔而来，由水池西部小孔而去，常年维持一个水位。池中可
以养鱼，并能沉淀随水流而来有机物。冬时放水清淤，还可用底泥肥

## 牌坊前泮池

图左 台阶
图右 泮池

田。第三，在古代，人们为了防止火情，避免干扰，读书常要选择好
去处。天子读书处是水中的小岛，叫作辟雍。诸侯读书只能在半圆形
的水池边，这个水池叫作泮池。沧溪在牌坊前设半圆形水池，引用了
泮池的意向，既可消防，也能促文运（图右）。水池和大门之间的左右
两侧，各有旗杆石一个。人们取得功名之后，就在此树立旗杆，荣耀
门庭。由于大门前的沧溪从西侧而来，为了笼络水中的风水，在泮池
下游种植一株大树。树为金桂，既可耐水，又寓意蟾宫折桂。桂谐音
"归"，远道而来的人们一闻到桂花香，就知道离村门不远。当绕过桂
花树时，高大雪白的村门就会矗立在眼前。在水池南部靠近杨村河的
地方，村人还种植了两棵柳树。它们稳固土质的河岸，限定大门的视
廊。人们从门洞中向外看，处于逆光之中的柳丝如同透明一般。柳谐
音"留"，在此送客，自然会生出折柳话别的意趣。

1 广场
2 西侧建筑
3 南侧建筑
4 东侧用房
5 "倒脱靴"宅
6 三贡坊
7 石碑

N

经过蜚英坊，向东北穿越巷子，再东折，就到三贡坊。三贡坊是三位贡生共同建造的一座建筑，它位于一座广场上（图左）。广场正方形，四面由建筑围合。西侧建筑已毁，目前是空地，它和南侧建筑之间夹持着从蜚英坊过来的道路。南侧建筑是矩形，由主房和辅房组成。主房在东，辅房在西，主房采取了前后内天井的形式。朝着广场的正

# 三贡坊

图左 广场鸟瞰
图右 三贡坊南立面

好是其后面的内天井，上设高侧窗，对广场没有影响。广场东侧是前后两座坐北朝南的房屋，前屋的西厢和南侧建筑的空隙比较大，因此向西侧突出一间辅房，将此空隙压缩为巷子一般的宽度，减弱其导向性，使之不抢主要流线。广场北面的"倒脱靴"宅比较大，它坐北朝南，是一座三进两落加辅房的建筑。主房三落两进在西侧，辅房在东侧。在此屋东侧辅房和东部房屋后进之间有一座过街楼，这就是三贡坊（图右）。

三贡坊前的广场也叫做祭拜场，这是用来祭祀朱宏的室外场所。它是进入后部祠堂的前导空间。设此空间是为了一块由宋代宰相戴珊题写的关于朱宏事迹的石碑（图左）。因碑文只有在阳光下才能被看清，故要放在明亮的空地上才好。石碑嵌于"倒脱靴"宅的南墙上。正因为如此，房屋便不能在此墙设置出入口，只能于东头开门（图右），免得影响其肃穆的氛围。由于东头有过街楼，在此开门处于暗处，非大门所适，于是将大门移到三贡坊北部，朝东开门。人们进门之后，需要向南绕行，再向西折。在主房和辅房交界处，另设朝东一门作为二道门。进入这个门之后，就到前院，而主房的大门，则开在

## 石碑

图左　碑文
图右　鸟瞰

前院的南墙上，由此方可进入主房。这是一个"倒脱靴"形的流线，也是宅名之由来。从二道门出来，人的视廊恰好是三贡坊的西面，于是在其山面砌筑二层高的封火墙作为对景。之所以要设三贡坊，是因为这是一个祭祀场所，需要给人们提供休息处。凉亭就是最普通的形式。亭子盖在不大的矩形广场中有点碍眼，于是将它退缩到周边的道路中。位于东屋和"倒脱靴"宅之间的道路是最为合适的。这里朝南，且和碑文共面。由于前方是空地，为了眺望远处景色，故在此将凉亭做成过街楼。这样既可以满足广场的人随时休息，也能供人们登临游玩。横跨于路的凉亭面阔虽小，但进深很大，故可容多人入内。

将过街楼称为坊，可能是为了纪念三位贡生的奉献、旌表他们的功名而名之。前面已经有两座牌坊，这里再做牌坊难以实现休憩的功能，故将之做成过街楼（图右）。过街楼没有采取桥的形式架在两边墙体上，因为西墙并不稳定，因此，过街楼只能结构独立，本身就要是一个稳定的屋子，这也便于它固定西墙。楼为三开间、四排柱、两层楼的形式。每排柱子包括前后檐柱和中柱。为了便于通行，将明间柱子向两侧山柱靠近。这里正好搭建木板，做成美人靠。山柱之间利用连系的穿作为靠背，明次间的柱间以短梁支撑上面的木板作为坐凳。三排横向的四根柱子在顶部支撑木梁、楼板及二层结构。每榀柱间设前后连系的穿。由于二层楼板的荷载比屋顶大，故只有次间的山柱直通向上，穿越二楼而支撑楼板和屋顶。二层檐下设通长的六扇隔扇窗，视野非常好。为了给一层木构遮蔽风雨，二层屋顶出挑较大，设挑檐枋和下面的斜撑来支撑檐桁，进而托举檐椽和飞椽。纪念朱宏业绩的石碑是广场的主题。它镶嵌在一片白墙之上。墙体抵住三贡坊的西侧封火墙，可相互扶持。此墙上部设砖砌压顶，下部砌石头台基，远比一般墙要厚。这是因为墙表中部要内凹成一个碑龛，供摆放碑石。碑石下面是梯形的石座，上面是圆头的碑身。石座表面刻画卷云的壶门，共两间。碑身密刻阴文，环以卷草纹饰。在碑身和门洞之间，用青砖填充。为了方便人们朝拜碑石，广场四通八达。西南角接应从蜚英坊过来的人流，东南角是一条到达河边的支巷，东北角则是一条通往祠堂的主路。

# 三贡坊结构

图右 内部

# 北部的店铺

图右 店铺与三贡坊

　　三贡坊之后是一条通往祠堂的巷子。这是村落的主巷。它南连广场，北通祠堂，过街楼下还可供人休憩，人流十分频繁，故在其两侧开设店铺。店铺都是两层，以封闭的封火山墙与邻为界，以开敞的木构对着行人。西侧的店铺做得比较细致，其二层楼板向外出挑，屋顶檐口再向外伸出，它们形成的出挑空间遮蔽了下面的木构。建筑三间，底层是店铺，明间设木板门，直通二层楼板，次间下为矮墙，上为木板窗。夜晚大门关闭时，通过木板窗买卖，可保证家里的安全。二楼住人，故开通长隔扇纳阳通风。另一边的店铺与之类似，但仅在二层檐口出挑，简单易行。店铺在巷子两侧相向而立，但却是错开的。它们各自面朝对面的白墙。这样不仅可以提高室内照度，消除近距离的视线干扰，还能避免因顾客聚集而引起的拥堵。从道路向南看，目光可穿过三贡坊的下层洞口直达东屋的披檐（图右）。披檐上开着一个券洞，券洞上有一个窗户。这里似乎违背了券洞不对长巷的习俗。但是，这个券洞是披檐的券洞，仅为内部住宅的次入口。况且，人们进入洞口之后，需要向东、向北扭转才能到主房的前院。外人的视线并不能一眼看到主体建筑的室内，故也是可行的。

从三贡坊向北，经店铺即到花屋。屋南有一块方地（图左）。地位于"倒脱靴"大宅之北，四面环路，上有东西两座房屋，各占用地一半。东屋已毁，西屋空置。西屋南面隔小路与大宅毗邻，西边隔窄巷与戏台相伴，北面隔广场面对花屋，东侧则与废墟紧紧相连。房屋的东、北两面都不便开口，用地局促。建筑坐北朝南，内天井式，采用木结构外包青砖墙的形式。南面设主入口，西侧设次入口。为了方便通行，将房屋的西南角切除，形成五边形，由此多出一个对着西南巷口的斜面（图右上）。此处设窗，可借外部阔地改善内部照度。南面入口居于剩余立面的中部，紧接上方开一个嵌套砖砌龟背纹的门头窗，然后在更上方的二层檐下设大窗洞，为室内天井采光换气。斜面的底层开方窗，

## 西屋

图左 航拍
图右上 西南角的封火墙
图右下 东面

并用斜放的十字纹作为防盗栏杆，上层则设小窗，避免影响南面大窗洞的坚固。为了利于光线射入，两坡的屋顶结构中，二层前檐抬起，后檐压下，形成前高后低的格局（图右下）。建筑南北均有道路与别屋隔离，故仅在东西两面做出封火墙。为了省材，东面封火墙只在檐口升起矮墙，山尖处依然为人字形，因后坡较长，此处矮墙有所跌落。建筑西南角被切除后，西面封火墙便在此折弯直到南檐，为了不妨碍屋顶排水，封火墙砌筑在屋面之上，雨水从其下部的瓦沟排出。

# 西屋后的照壁

图上 从南向北看照壁
图下 正对花屋的照壁

西屋东山墙与毁弃建筑西山墙并列，正好面对后方花屋。花屋西邻祠堂，南近戏台，在演出时可充作化妆间。为了消除这些山墙对花屋的冒犯，屋前建照壁（图上）。照壁的主要任务是遮蔽这两道山墙及其缝隙，因此很高。为了防止其失稳，墙体厚达两砖。此外，照壁并非一味地高耸，而是在其两边加设了低矮的墙体，形成更为稳固的"山"字形（图下）。这种设置在视线遮蔽上也是合理的。因为在被遮挡的建筑中，仅有两片封火墙比较高，其余屋面及檐口是比较矮的。照壁的两侧墙体下降后，依然可以将它们遮蔽。照壁下用实砌眠砖，上用空斗墙，顶部设叠涩小瓦压顶。墙面通体刷白。中部墙体正对花屋处，用墨绘作圆形花边，内嵌一个福字。

1 蜚英坊
2 广场
3 三贡坊
4 花屋
5 戏台
6 祠堂

# 祠堂

图上 鸟瞰

　　祠堂紧邻花屋西侧，地处村北，是流线上最重要的节点（图上）。其选址至关重要。建筑背靠东北侧大山脚下，面朝溪南1千米外的案山。为了将北山和水岸连接成村西的封护，建筑很长，且在前方架设戏台，总进深约有50米。房屋的前端直接落在村西中部，占据了要点，但建筑之尾距离东北大山还有一段距离，故在此空隙种植树木作为连接。这道连接也是一道屏障，它将中部山谷的水塘包含在内，成为村落的储备"财气"。祠堂坐北朝南，正南正北朝向，前后三落两进，仪门、祭

堂、寝堂这三落通过两进院落相连。建筑平面并非常见的矩形，而是根据各部分的要求设定大小，外部轮廓随之变化，如"土"字平放，似巨狮趴伏。第二落祭堂是主要大厅，它和前面的庭院拥有整个祠堂最长的房屋进深和最宽的庭院面阔。为了凸显这个庭院的广大，前方的仪门面阔很小，而从仪门到庭院的连接体面阔更小，由此造成一种以小见大的反差。祭堂之后是摆放牌位的寝堂。为了便于引入天光辨别牌位，其庭院面阔较大而进深很小，寝堂则是高耸的二楼，气氛与前落相异。

# 戏台

图上 立面

　　戏台位于祠堂南部，正在其中轴线上，坐南朝北，只是向西侧微微打开，形成一定偏角（图上）。建筑三开间，两坡顶，位于高高的台基之上。房屋内部木结构，外包砖墙。东西南三面砖墙，隔离外界干扰，北面对着祠堂开敞，便于后者观演。戏台内的三间连成一体，共有四榀屋架。山墙边贴屋架有四柱，明间屋架则减少为三柱。三开间大厅的内部仅有两柱，既不阻挡声波传送，也不妨碍表演时走动。明间面阔只是稍大于次间。结构也是均匀和合理的。为了扩大表演空间，

并使结构不挡视线，于是将明间前檐柱向两侧移动，形成一个对外开敞的梯形的无遮挡大空间。原来的明间屋架没了着落，于是在前檐设一根硕大的圆梁架在外移的柱上，以其中部托举原有的明间屋架。此大梁在柱端的位置高于次间檐口枋木，既避免开洞过于集中，又可形成高起的舞台台口。两侧次间受明间檐柱压迫，口小内大。其前檐面阔窄如门洞，于此摆放楼梯上下，内部空间稍宽，于此进行表演前的准备。

# 耕字书屋

　　耕字书屋位于祠堂和后山之间。建筑坐北朝南，由后部正房、前部厢房和大门组成（图左上）。正房一字形，三间二层。一层檐口为通长隔扇，便于采光通风。二层檐下也置通面阔短窗。大门则开在东南角，门朝东，正对上游的财气。厢房为条状，设在大门后方、正房西侧。正房、大门及厢房间连以院墙。南面院墙在正对正房出入处高起作为照壁（图左下）。在厢房的山墙处，也将院墙砌高，作为封火墙。由于书屋东部已有一座邻宅，书屋大门的朝向不宜被它阻挡。因此，

院墙东南角向南偏移，大门便设在这个偏移的角落上。在书屋和东侧邻宅之间，还有一条北巷。大门本可以后退到院内的范围，让开巷子。但是，这样的话巷子就会正对前方的田野，无法顺畅连接到南面偏东的道路之上，于是在此将大门前探，使之成为连接两条通道的转接点（图右）。大门为对外开敞的八字形。北面的八字形墙和院墙间会形成一个凹陷对着北巷，非常碍眼。于是用墙体将八字墙的端头和院墙连接，填充这个凹陷的同时，也引导了巷子的人流。南面八字形墙的外侧还增加一堵斜墙。但此墙南侧无路，故仅接在八字形墙的中点处，使得大门凸显。当地人说，这个大门如同蛟龙探海，迎接着东方的红日，风水很好。

# 明代西屋

图上 鸟瞰
图下 大门

　　建筑建于明代，坐落在祠堂东侧、村落北部，南临一条巷子。房屋坐北朝南，由西屋和东屋并排而成（图上）。两者共用中间的山墙。西屋由主房和辅房组成。主房三合天井形，正房前面的两侧是厢房，与前墙围合中间的天井。辅房为单坡檐，接在主房北檐的西北角。主房大门开在前院墙正中。大门在白抹面的墙上套装砖构门罩（图下）。即先在砖门框外侧砌凹陷的贴脸防尘，然后在贴脸上部做出挑的雨篷避雨。雨篷为供桌式样。下部以砖雕砌筑回字纹的底座和灵芝草状的弯足，中部用两根青砖望柱围合版心做出束腰，顶部则喷出万字不到头的砖雕桌面。桌面上再挑出叠涩承托椽子、望砖及瓦顶。束腰望柱与桌面交接的外侧各有砖雕，刻画了翻腾的鸱吻正在吐出灵芝一样的水花。它们在支撑桌面的同时，表达了避火的寓意。望柱的表面则雕刻着衔着灵芝的螭龙，每边一只，趴伏如壁虎。它们共同守护空白的格心，期待后人在上面填写承载名望的门匾。

1 西屋
2 东屋

N

　　东屋也是主房加辅房的形式（图左）。主房为三合天井式，与西屋主房共用山墙。辅房接在主房东部。因东部是"上水"，故辅房稍微后退，让出主房东南角，在此设大门来吃"财气"（图中）。门前借助辅房的退让处设前院，进一步拓展出门视廊。入巷院门设在大门前，由门前右转即到，非常便捷。此主房大门与西屋大门不同，上面的挑檐

## 明代东屋

图左　鸟瞰
图中　大门
图右　门边石

采用木结构的挑篷式。之所以如此，是因为东面朝向庭院，风雨较大，木结构雨篷可以出挑更多，更能遮雨。工匠先在大门上方的墙上挑出石梁承托木柱，并在柱上架设靠墙桁。然后在柱子上斜穿挑枋两重，承托着檐桁，最后在檐桁和靠墙桁上铺椽盖瓦形成屋面，并于檐角用垫木做出起翘。雨篷下面是砖砌牌匾，牌匾内凹，目前未见题字。牌匾下侧是大门洞。门洞的边上有青石门框，上面承托过梁。在青石门框下部，每边各镶一块石板（图右）。板60厘米见方，正好可以防止上面雨篷的滴水侵蚀墙面。板上雕刻狮子盘球。狮子一般位于门口安坐把门，这里如果用坐狮不仅会妨碍人们从巷子前来，也会溅起雨篷的滴水。于是将它们刻在勒脚的石板上。狮子雕刻得有些古拙。它们占据在图案的中心，头向大门，眼看彩球，四足踩在绣球的飘带上。身体虽然肥大，但有飘带的托举，居然产生一种腾云驾雾的感觉。两边狮子神态类似，绣球位置基本相同，唯有飘带随风起伏，彼此两样。南侧石板靠近巷子，受风雨较多，雕刻风化比较严重。

# 蚩公进士第

图左 航拍图
图右上 南面大窗
图右下 门前照壁

　　这一组建筑位于村东路北，也由西屋和东屋构成（图左）。西屋名蚩公进士第。东屋名及公进士第。两座房屋的用地极不规则。西屋是一个五边形，房屋采用主房加辅房的制度。屋主先将用地分成后面梯形和前面三角形两块，然后将后面梯形用作房屋，将前面三角形用作院子。院子东面大，西面小，正好在东部设置朝东的大门，吃到流水的"财气"。后面梯形用地又可细分为东部矩形用地和西部三角形用地。在前者中布置主房，在后者中布置辅房。东部矩形用地中的主房采用三合天井形，后面是正房，前面是单坡的两厢，中间夹着一个天井，空间比较整齐。西边三角形用地因为南宽北窄，无法做出独立的房屋，故辅房只能依靠主房扩展而成。于是将正房向西侧衍生少许，再将厢房向西侧做出一个披檐，两者合并形成辅房。这种做法保证了主房的严整，也利用了辅房的可变。主房中的两个厢房面临自家前院，非常安全，于是在二楼山墙设大窗纳阳（图右上）。建筑的大门开在前院东墙上，是一个双坡顶的小屋子（图右下）。为了扩充入口气势，门洞两侧砌筑升出院墙的封火墙，用来支撑抬起的屋面。屋檐下墙体内凹，做成微小的八字形门龛。此门前方留出一块空地，可由此从容步入南面巷子。大门前方正对东屋的辅房。此屋原是一个坡向内侧的单坡顶，由大门看去并不舒服，于是将其山面砌成平齐的封火墙，形成较端庄的照壁。

# 及公进士第

　　及公进士第的用地也不规则。北面宽，南面窄，近似倒放的"凸"字形。建筑布局也采用主房加辅房的形式。主房二层，三合天井式。它居于用地中部，前方是前院，左右是辅房（图左）。前院、辅房将主房围绕，具有烘托和扶掖作用。东辅房为双坡檐。西辅房因为临近西屋，布局采用两落一进的模式。南面是一个单坡檐，北面是双坡顶，中间是一个小院。单坡檐及小院的面阔向内部收进，让出了西屋的门前空间，并于前方开小门到巷子。在前院东南部的上水位开设大门。大门为屋宇式，两侧山墙突出屋面，夹持门上的雨篷，檐下墙体砌筑成外八字形。为了适应朝向，大门微微顺时针旋转，使得左右八字墙并不对称（图右）。

# 二开间店铺

图右 向西看店铺

　　建筑位于村落东部，坐南朝北，隔巷与及公进士第的东辅房对望（图右）。房屋两层两间。这里是古时的交通要道，故对外开店。为此，及公进士第的东辅房向北退后，让出店前的营业空间。从这里可以看出，及公进士第的倒"凸"字形地形，实际上是东西两边辅房为了和邻居处好关系而退后的结果。店铺处在三级台阶之上，可防止大水淹没货物。前檐的东边是门，西边是售货窗，店门和对面住宅大门错位远离，互不干扰。门是六扇拼装竖板门，能拆卸，白天可方便人们进屋选货。窗目前为平开玻璃窗，下为窗台，上为售卖口，是晚间售卖的地方。窗台高度在来客胸部以上，既能预防不法者侵入，也能方便取货。为了防止货物掉落，窗台边缘安装低矮木栏杆。二层山墙向外出挑，可搁置二层楼板的挑枋，安装通长栏板、隔扇。到了檐口，山墙再向外出挑用来搁置挑檐桁、檐桁，以便为下面的木构和人员提供遮蔽。两侧山墙在前后檐口升到屋面以上以防串火，其余地方则为人字形屋顶，省工省料。

　　沧溪北面是山，南面是河。这里纬度不高，却处于山区，日照采暖依然重要，故建筑都靠山面水，坐北朝南，呈现行列式排列。村落中有两条主要交通，一条是从大门进入祠堂再向东到新村的村中街巷，另一条是沿河逆行从西北往东南的过境道路。后者与建筑坐向形成一个夹角。沿河民居便利用这个夹角形成的三角形用地做成前院，并在院子东南角设门，门对来水，吃着它的"财气"（图左）。此门在当地被称为装水门楼。为了做好装水门楼，各家前院院墙在西部稍微内收，让出下一家的门口空间，以便安装大门。之所以每家都要对东开门，除了风水原因外，还因为这里的民居为了抵御洪水必须砌筑在高台基之上。如果大门面朝道路开设，门前台阶既要侵占道路，又会阻碍上涨河流的行洪。因此，将大门及台阶对着来水，不占地方。而且，人在家中就可以看到水势，对于避灾也是有利的。即使有洪水来犯，大门对着水流，还能保证家中物品不会漂流出去。因为地方太小，装水门楼一般一开间，采用封火墙形式（图右）。其南墙与南面院墙合体，不仅节地，也很简洁。北墙为了引导人流，做成指向后部主房的斜状。两片墙形成内大外小的八字形，符合当地公认的"聚财"形式。门口台阶由于上一家院墙和道路的夹击，越往上越宽，具有步步高升、越走越宽的美好寓意。这也是符合实际的，因为高处的台阶更需安全，故要加宽为好。沿河面多个三角形的前院连在一起，就形成村南的一排"牙齿"，可以"吃住"这里的风水。

## 装水门楼

图左 沿河住宅航拍
图右 门楼正面

# 尖角屋

图右 屋顶

　　房屋地处村南过境道路之北，位于蜚英牌坊东侧。用地长条形，建筑坐北朝南，由主房和辅房组成（图右）。主房前后天井形制，前内天井，后外天井。它的东、西、北三面分别有紧贴的东辅房、西辅房及北辅房。东辅房和邻屋间设过街楼。南辅房是独立的曲尺形，由西条屋和南正房组成。西条屋与主房西辅房相接，南正房与主房间空开一个前院。此前院属于主房，东部设门朝东。由于这个门已经对着"财源"的方向，故主房三合天井的大门就不必考虑风水，只要考虑好用就行，于是大门开在前檐墙正中。这个大门门前的空间要好看才宜。因此，作为对景的南辅房要为主房的大门形成一个干净肃穆的视廊才好。为此，这个辅房的摆布，就不能随着道路呈现西北到东南走向，因为这样将会以一个歪斜的面貌呈现在大门口，这是三合天井不愿意看到的。故这个辅房只能以和主房平行的姿态出现在天井前方。但前方的道路及用地却是斜的。如此便出现了一个矛盾。为了协调各方，工匠使得南正房的屋脊平行于主房，外檐墙却平行于道路。而且，这个外檐墙的西侧，需要向内收进，以便让出下水的邻家开设装水门楼。由此出现了这么一个切角的辅房。辅房的南正房屋脊在西部转折，进而交到西条屋的山墙之上。从三合天井大门看过去，前方是平檐墙、平屋脊，十分端庄。屋脊的西边虽然有一个小转折和西条屋的屋脊相交，但因东侧大门的存在，中和了这种不平衡，故也能接受。南辅房在朝向主房的前院处，不开一个窗子，完美保护了前院的私密性。

1 主房
2 东辅房
3 北辅房
4 西辅房
5 主房院门
6 过街楼
7 南辅房
8 南辅房大门

1 南辅房门屋
2 前院

# 南辅房门屋

图上 东部鸟瞰

　　南辅房另设出入口。因为要吃流水"财气"的原因，出入口只能在东端开设（图上）。但东端辅房不能向西退缩，否则从主房大门看去景观不佳。另外，这个大门也不能抢夺主房院门的风水。而且，南辅

房这么大的面阔和进深，也需有透气之处。因此，工匠将房屋南坡的东南角挖去，形成一个前院，然后将前院院墙压低，在此放入光线，以资远眺，最后在前院东头立一开间大门。大门正对来水，门屋采用封火墙形式，突然拔高，很有气势。从大门进去，原来会正对着一个单坡顶的山墙，空间效果不好，于是在此砌筑封火墙，使得进门的视线正好落在照壁一样的山墙上。照壁的角部饰有墨绘，给人以视觉拥堵的补偿。在此向北一转，才能到达南辅房的大门。门内依旧采用内天井的布局，有一种小屋大做的感觉。从屋内外看，目光可越过院墙直达河对面的远山。

　　南辅房建筑很长，为此在立面上开设四个窗子（图左）。由于墙体砌筑在高大的挡土墙上，此窗高距地面接近二层，故能开得很大，尽情纳入光线。窗子直面村外，于是用横竖的木窗棂作为防护，并在上面还架设一道砖挑雨篷防雨。从一开间大门进来，向北一转，就到了堂屋（图右）。因堂屋外面没有高耸的天井作为气候过渡，故在堂屋檐口设门。门洞很宽，安装四扇门扇。门扇采用折叠式，打开时不占空

# 南辅房堂屋

图左 南面
图右 堂屋立面

间。为了保护木门不受风雨，檐口做深远的出挑。由于有了门扇作为
气候边界，堂屋内便铺上了木地板，更加宜人。南辅房西南角的斜角，
其角度更向西北方向偏转，这是与原来古道保持一致的结果。在院门
之北的院墙中，有一个被封堵的圆拱门，这是以前出入口的痕迹。南
辅房独立后，此门被现有门楼取代。

　　这个门改得非常好（图上）。从整体上来看，从主房到南辅房的整个建筑通过过街楼和东侧房屋相连，形成一个硕大的弯钩。将南辅房的端头做弯做大，形成弯钩的尖角，对这组建筑收拢东来的风水也是有利的。由局部视之，南辅房及后面的房屋都采用了马头墙的形式。除了主房前院大门的马头墙是朝向东部的以外，其余均是朝向南方。

吃"财气"

图上 大门

南辅房大门正好位于整个建筑的南端,它做出高耸的门楼形态,并且向东偏转,正好昂首吃入南部沧溪东来的"财气",并将这些好运通过南北向的马头墙传导给后部的主房。它的高度虽然突出于院墙,面阔却又小于主房的大门,因此也是得体的。

# 新屋

图左 南面鸟瞰
图右 南立面

　　建筑位于沿河道路北侧，尖角屋的东部。房屋用地为不规则的南北条状，可分为北侧矩形和南侧三角形用地（图左）。屋主在北侧矩形用地安放建筑主体，将南侧三角形用作前院。建筑主房两坡顶，两侧封火墙（图右）。大门位于前院的东南角，门朝东南，对着来水，采用门屋式，一开间，两侧封火墙高耸，中间设内开两扇板门。地块面阔不大，只能安排下两个开间。由于前院的大门必定在东侧迎水，因此主房的厅堂放在东侧，卧室放在西侧。厅堂前檐内凹，形成底层门廊和上层阳台，为内部提供接触外界的灰空间。房间部分则开设大窗。

这里位于较高的台基上，且位于院墙后，故能如此。因下层层高较大，门、窗上部均设亮子。上层层高较小，门窗略矮，故不设亮子。为了弥补二层厅堂采光的不足，在门边加设小窗。二层阳台采用空透的竖直棂条，通风透亮。建筑的外墙做法稍有区别。主房外墙采用青砖白粉勾缝，前院墙及大门采用青砖灰泥勾缝。前者更显精致。主房和大门均在封火墙上半部刷白灰防雨、施墨绘装饰，形成了统一的风格。房屋建于20世纪八九十年代，体现了当时的特色。

这座住宅紧接在新屋东部。建筑南临过境道路，用地是不规则四边形（图左）。房屋由中间主房和两侧辅房组成。主房位于用地中部偏后侧，三合天井，四周设封火墙（图右）。主房前侧是三角形的用地，在此做前院、设大门。东边辅房比较短，北面与主房北檐口平齐，南面只是伸出主房前檐墙一点，并未接到路边，留出了将来大门前的空地。西边辅房因为要挡住风水一直延伸到路边。两座辅房的面阔都比较小，无法安排天井采光通风，于是通过屋顶的跌落满足室内需要。在西辅房中，前中后分成三部分。中部最高，达到两层，其前檐接一个单坡。这间单坡的东边面对大门，故将之做成山墙式照壁，其西边面对邻居家的入口，为了避免视线干扰，也做成实墙。如要打开视线，唯有将南面的前檐口开敞。于是在此砌矮墙，上面架格栅，成为纳凉赏景的凉亭。为

## 凉亭屋

图左 鸟瞰
图右 立面

了交通便利，凉亭西侧开一个小门。在西辅房北面，因用地变窄，做了一个从主房山墙坡下的单坡。东边辅房也是将中部屋顶高起，在其前檐口跌落下一个单坡，两者的间隙就是采光通风之处。为了增强院门的引导性，这个单坡的前檐墙并非格栅，而是较高的实墙，上面仅开一个高窗。院门是屋宇式，一开间，由两片墙夹持双坡顶形成。其中南墙与院墙平齐，北墙却不与南墙平齐，而是稍微顺时针扭转，使得流线更加顺畅，空间也相应变大了。这个内八字门楼，具有"聚财"的作用。它之所以这么开，是因为门前没有横路，只有一条向下的台阶。进入大门之后，视线被凉亭东墙所挡，目光将会转向三合天井的大门。此门位居三合天井中部，青石门枋，砖雕门楼，颇为精美。站在门口向外看，院墙剪除了尘世的一切，绿水青山横亘在眼前。

# 分户屋

图上 鸟瞰
图下 南立面

　　建筑位于凉亭屋东部，南临过境交通。房屋用地为东西条状，采用了主房加辅房的制度。主房位于中部，辅房各居东西，南面设置前院（图上）。后来由于分户的原因，东面辅房自成为一户。原来的房屋变成了主房带西边辅房、南面前院的格局。主房为内天井形。三开间，中间明间置大门，上面开门头窗，用预制砖块构成龟背纹窗棂（图下）。两侧的高窗也在大门以上，仅装竖棂。

辅房在西侧，并不和主房平齐，而是稍微退后，不挡下游邻家的大门。辅房为跌落式，后部二层，前部一层，在两层檐口间采光通风。前方一层单独开大门，设高窗，门边另设一个侧窗。前院墙从辅房西侧砌筑，直到主房东墙为止。此墙将辅房包围，不仅为下游邻家限定入口，也能保护自己的私密。为了给邻家较好的空间感受，院墙的西南角做成斜状，避免尖角引起的不适。辅房处的院墙明显比主房处院墙要高，这是要做好邻家门前照壁之故。院墙的东南角置自家入口。入口采用两片墙夹持双坡顶的装水门楼。其中一片墙利用前院墙升起而成，另一片墙则利用东院墙转折而成，两者共同组成内八字空间。因装水门楼和主房大门靠得较近，故将后者稍加偏转以便接驳。门楼前设置一个小平台。平台东缘的南侧是向下的台阶，北侧是直通原来东侧辅房的道路。

# 西部屋

图上 南立面

　　房屋建于20世纪八九十年代，位于村落西部的河流北岸。用地呈南北条形，南部边缘因紧临溪流而成斜边。屋主将房屋退居于北部的矩形，而将前面的三角地留作前院。建筑采用主房和辅房组合的形式。主房在前，坐北朝南，横跨整个用地而能显露形象、接受日照；辅房在后，只做单坡，接在主房北檐可以省地节材、遮挡北风。主房体形规整，两层三开间，双坡顶悬山顶（图上）。底层的明间是大厅，两侧是卧室。大厅前檐内凹，为厅堂赢得过渡的门廊。上层与底层布局类似，中间是厅，两侧是卧室，明间在门廊上做阳台，可供远眺。在屋

南院子的东南角设门。大门对着来水，只设一开间，采用装水门楼形制，以高耸的山墙夹持中间的两坡顶，形体虽小，但气势较大。因为建筑临水，故下部砌筑高高的台基。由于台基的抬升，上面的院墙即使低矮也不失防卫作用，如此便可容阳光进入、空气流通。为了挡住外人的目光，在底层大门正对的院墙上砌筑照壁。建筑外侧的驳岸为缓坡形，既可亲水，又能随水位上升而扩大容水断面。坡面用卵石砌筑成一个个相连的半圆形，如拱券斜躺在岸基上，可以抵御上部土壤的塌方。

　　建筑位于村落东部，坐北朝南，由主房和辅房组成。主房在西，辅房在东。主房二层三开间，面阔不大，屋顶双坡，小封檐山墙（图上）。一层内天井形式。二层从一层后退，檐口下部开通长窗洞。这个建筑的最大特点是立面的形象。底层的立面只有明间一个大门和上面的门头窗，其余都是实墙。初看起来令人咋舌，实际上自有道理。人们在室内活动时，并不需要看到室外，如果将大门一关，室外的一切

实墙屋

图上 南立面

都被摒除了，只有天光从门头窗而下，照亮了近在咫尺的室内，个人的私密性得到充分保证，家庭生活温馨从容。如果向外看也不是不能，人们只需要上到二楼，在檐下就可以看到连绵的远山。一层接近外界，容易受到干扰，故在前檐以最大的实墙对外，二层远离红尘，视廊开阔，故在檐下开最大的窗户放风景入怀，这就是立面的逻辑。

在村庄东首，有一座调解房。此屋原为清代进士朱璋所居。因朱璋公正廉洁，善于调解纠纷，周围的乡里遇到矛盾纷纷上门求助，紧急时甚至夜里来访。目前，正房明间的木柱上还留有插扣灯笼的遗迹。建筑位于大山脚下，坐北朝南，前方隔着水田对着一字形的山峰，左右各有一条护山作为辅弼。从村东泉眼中发育的一条溪流，绕屋子墙根从东北向西南流去。建筑采用条形，占满了整个水田的北部，独得优美的景观。房屋由东部正房、中部和西部辅房组成（图左）。其中正房位于最东面，且大门处于东侧。之所以如此，是因为溪流从东而来，将主入口位于东首，可以吃到上风上水。另外，从主入口向南看，视线正好处于东西两条护山的正中而直达远山（图右上）。位于墙角东首的大门为了防雨，放弃了石箍门的形式，而采用遮蔽效果更好的挑篷式。进门之后，利用东面的前厢房做成门房。它和后厢房之间设亮子，既可采光通风，也便于知晓来客。入门左手便进入厅堂。因为大门偏于东侧，因此前檐墙的门头窗就能做得比较低矮，人在厅中，隔着纱

一样的花窗，就可以看到外面的青山（图右下）。从门头窗及两侧侧窗而来的光线，照亮了中堂的字画。其对联是：心宽能增寿，德高可延年。太师壁后另有一厅。此厅比较私密，故铺上木地板供家庭内部使用。两厅之间是楼梯，可到二楼。二楼的次间在檐口降低楼面，就着外立面的小窗采光。

## 调解房

图左 南立面
图右上 对景
图右下 明间前厅

　　村落的阳宅之后、北山之前有朱克己和朱韶的墓葬（图左上）。北山的一条支脉向南延伸，并在端头形成一个小丘。小丘上部树木葱茏，前方田畴开阔。这里即为墓葬所在。此处靠山面水，坐北朝南，地势高亢，是良好的阴宅之所。站在这里向南看，视线正好越过村落的屋顶直达南山的西端（图左下）。朱克己和朱韶是沧溪的两大名人，后人将他们葬在风水最好的地方，是为了祈求他们的庇佑。因为当地人相信，逝去的先人即使在地下，也会凝望出水之处，为后代子孙留下好运。为了利用朝南的阳面，朱克己之墓在西（图右上），朱韶之墓在东（图右下）。两者一字排开，随着地势逐渐向东部升起。工匠借助山丘

南面的陡坡，因山为穴，形成靠崖式，不起明显的坟包，并在墓前设置祭拜的前庭空间，方便举行多人参拜的祭祖活动。墓穴南侧砌筑逐渐攀升的道路，既产生步步高升的礼仪性，又可作为墓穴的挡墙而抵御洪水侵扰。

## 墓葬

图左上　南立面
图左下　南山
图右上　墓碑线刻
图右下　墓前空间

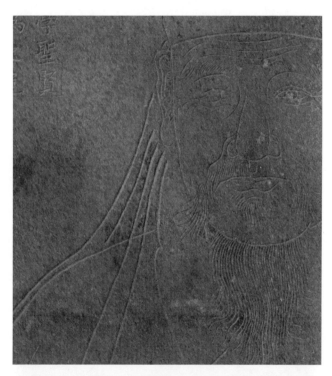

　　为了避免污染居住空间，方便施肥，农户的厕所一般靠近田间地头。沧溪的厕所稍有特色，它并非简易的砖混小屋，而是一个精巧的木构。建筑木构干栏式，一间、两层、双坡顶，四根柱子立在石柱础上，围成一个方形，设管脚枨彼此连系（图左）。一层空间十分空透，前檐在管脚柱上铺设木梁形成走廊，其上架楼梯到二层，后檐则置大便桶。桶的底部摆放在地面的两条木板上，可保干爽。二层布局与一层类似，前檐是走廊，后檐是一个用木板封闭的亭子间（图右）。亭子间开门到前檐口，并在亭内楼板中间裂开一道缝隙，安插一块斜板引导粪便进入大便桶。亭子间与大便桶之间具有空气隔层，可隔离气味，它与屋面山尖之间也留出缝隙，能满足采光。人们从一层前檐经过较陡峭的楼梯来到二楼走廊，然后推门进入亭子间方便。当需要粪肥的时候，可以将之从大便桶舀出，用小桶挑到田里去。有的人家在厕所附近种植扁豆。红花绿叶将厕所的木构包围，从外面根本分辨不出，私密性更好。

## 厕所

图左　正面
图右　侧面

# 严台

摘要

南下的横坑水纵贯北部盆地，经东部盆地西口、南部盆地北缘，向西穿过西部盆地，于金沙滩口注入江村河。严台深居于东部盆地中。这里山势围合，东高西低，两条发源于东北山谷的支流在村中聚成丫形流向西南。水流在左右二山的合围处注入横坑水，于此建造廊桥"严溪锁钥"作为村门。村内民居密集。两条支流之间的房屋坐东北朝西南，居中的世隆堂面对西南的水口山，因取势良好而有统领作用。两条支流外侧的房屋居高临下，向中而立，沿着等高线向周边抬升。建筑采用主房和辅房相结合的形式，前者为较规整的天井式，后者为灵活的条屋。由于北部盆地中尚有村落的田地及工坊，故在邻近南部盆地的横坑水转弯处造富春桥，勾连交通的同时，担当北、东两个盆地的屏障。为了将上游四个盆地的"财气"尽数收纳，在最下游的金沙滩口再建登云桥。

关键词

严台，严溪锁钥，富春桥，登云桥，乡土建筑

# 区位

图左 卫星图

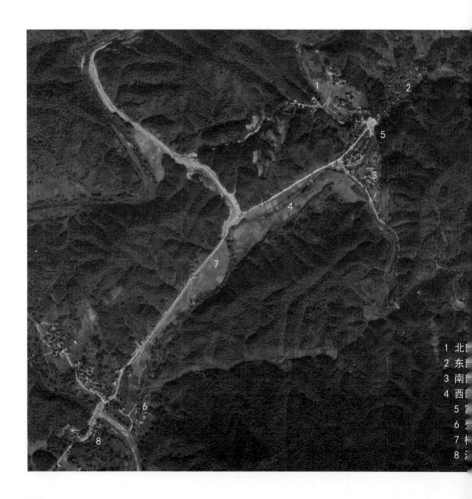

1 北部
2 东部
3 南部
4 西部
5 晒坪
6 村
7 村庄
8 村庄

深居浮北崇山峻岭中的严台村处在昌江的北河支流江村河上游（图左）。于此顺其流向南可经过江村而到峙滩，最终可达浮梁、景德镇；逆其流向北经礴村可到安徽祁门闪里，由此翻越分水岭可达徽州。村落始建于东汉，传说是庄光及其后人所建。庄光，字子陵，后避汉明帝刘庄讳而称严光，他虽与光武帝刘秀交好，但不愿外出为官，曾隐居在此，故此地叫作严台、严溪。严氏家族后来迁居陕西，此地在南宋年间便成为江氏聚居地。这里溪流汇集，山谷缀连，邻近的四个盆地连成一个展翅的蝴蝶形，地势甚好。一条横坑水经北部盆地流向东南，纳东部盆地严溪后转向西南，然后收南部盆地之水，穿西部盆地直流三里许，于金沙滩口注入江村河。四个盆地中，北部盆地规模适中，虽有大河经过，但支流不发达。东部盆地围合感好，内有两条小溪交汇而出。南部盆地虽有支流，但向北敞开，易放北风直入。西部盆规模大，但只有干流经过，且为狭长的条形。先民于是落址在条件最好的东部盆地，并将邻近的北部盆地作为保留田地。他们选择在东、北两个盆地的交会处，即在蝴蝶形的腰部设置水口。这里河流转弯，两岸靠近，自然条件优良。1502年，村民于此建造富春桥。桥名富春，纪念严子陵长期活动的地点富春江。人们还在金沙滩口再建登云桥，既可满足两岸交通的需要，也成为收纳上游"财气"的最后关锁。

N

1 富春桥
2 横坑水
3 严溪锁钥
4 武云山
5 严溪
6 富春山
7 韦大友宅
8 巷屋
9 世隆堂
10 西溪
11 东溪
12 水塘
13 风水林

# 东部盆地

图左 卫星图
图右 向东北鸟瞰

　　东部盆地是东北到西南的长条形，周边共有五座山峰。一座在东北，它向盆地伸出一座小丘，形成盆地的轴线。另外四座基本呈对称分居在轴线两侧。其中靠近西南横坑水的东西两山相互靠近，形成水口山（图左）。东部富春山较为绵长，它向南延伸，阻挡严溪并使之西行。西部武云山山势突起，树木葱郁，形成盆地轴线的对景。盆地口小腹大，状如一片枫叶，柄在西南为水口，叶面在东北为聚落，叶尖向两侧微微伸展而为支谷（图右）。其地长约200米，宽约100米，柄部开口仅为30米。据守此地，退可安居于盆地之中，进则耕作于溪流之畔。严台江氏族谱对村落的地势有这样一段记载："浮梁极北隅，源尽见严溪。相其形与势，秋叶最相宜。负山更带河，四塞固村基。村藏天府内，左右密包围。天然内城堞，不待人修持。当日桃花源，风景总依稀。三面山环抱，鸟道极崎岖。一面通大道，关锁复重围"。

富春桥宜成为北、东两个盆地的共同水口，其选址邻近后者东部水口山末尾。为了利用滞缓的水势，村民将桥放置于溪流转弯下游，使之东西向跨在严溪上，以便跨中正对南面的一座山峦而取得良好对景（图左）。此处河道紧贴南面山崖而下切很深，于是利用两边对峙的驳岸采用石拱廊桥的形式一跨过溪（图右）。桥全长17米，宽5米[1]，用条石眠砌成拱。券面则砌筑立、丁的扇形石条封边，如空斗墙做法，不仅有保护作用，也显得美观整洁。立石以大面朝外，封闭了内部眠砌石条的缝隙。丁石夹持着立石，并伸向桥内与内部石条混砌。拱券之上先用条石眠砌两边券面，然后在两者间填乱石压实找平，最后再在上面铺石板，做桥面。桥拱为薄腹拱，行走方便，也比较省材。为了防止大水来时冲垮拱桥，添加压重的桥屋便适时出现了。

## 富春桥

图左 从上游看桥
图右 桥拱

# 桥屋

图左 侧面砖柱
图右 中部屋架

    桥屋采用砖柱木构架的形式（图左）。闽浙交界处的廊桥，桥屋常采用木结构。那是因为它的桥跨是木结构简支或贯木拱，承压能力比较小，故不宜采用沉重的砖体。这里的拱券结构是能够承担重压的，故用砖柱比较得当。砖柱不怕雨水侵蚀，屋顶出檐就不必巨大，廊桥因此显得浑厚。桥屋共五间，中间三间与下面的拱券对位，明间稍大，次间较窄，如同桥上之房。两侧尽间为了连接左右的道路，故面阔变大，如同桥头门廊。柱子断面粗大，有60厘米见方，可防倾覆。柱子下部嵌入木板，既是拉结柱子的结构，保证安全的栏杆，又是提供休憩的美人靠。它们由一块座板和一块靠板组成。座板与柱子内壁靠齐，不碍交通，靠板紧贴柱子中心外侧，可避开斜雨。形式之所以如此简单，是因为发大水时要降低行桥面的行洪阻碍。柱子顶部垫木块隔潮找平，并于此架设横跨的大梁，然后在梁上架桁条、布椽子，最后盖冷摊瓦屋面。从脊桁底部的文字记录上得知，此廊屋建于1977年。廊桥的木屋架采用了一跨二穿三瓜七桁的样式（图右）。以一穿横架于两个砖柱之上，在其柱顶处承托步桁，端部承托廊桁。然后在一穿上立瓜柱承托金桁，以瓜柱间二穿中部的脊瓜柱承托脊桁。屋架之间，仅在步桁下方有额枋相互支撑，此外全靠桁条拉结。桁条之上是椽子。椽子是细木条。两椽之间托着底瓦，由此搭盖盖瓦。

**桥边环境**

图左上 东部屋架
图左下 西部屋架
图右 桥与小庙

　　廊桥两头面对着不同的环境，结构也有相异。东部尽间靠着山体，横跨在开山所得的道路上。因用地狭窄，至今地面还有起伏的岩石。为了少干扰山形，北侧角柱向内部缩进，利用大出挑的屋架来维持空间的完形（图左上）。两柱间砌砖墙遮挡山体草丛，将外部流水导向两侧。墙体中部还镶嵌一块记载桥史的碑石。砖柱南移后，北檐略微放大，便于主要流线由此而过。西部尽间地处比较开敞的用地，其屋顶形态不是一个矩形，而是一个南面面阔大于北面面阔的不规则四边形（图左下）。如此不仅方便西岸的主要人流进入，也使得西面的檐口顺时针偏转，朝向远处的一座山峰。为此，尽间的山墙完全敞开。此处易受风雨浇淋，故屋顶做成三坡形。而东尽间靠近崖壁，风雨较小，故以悬山收尾，以求更好地贴合山势。富春桥的上下游各建一座滚水坝。受到下游坝体的阻拦，坝间水位比较稳定，故河床不易被水流侵蚀。桥东是坚硬的山体，耐得住水流冲击。桥西是土做的驳岸，易受到回水影响，这里土质虽然松软，却合适种植树木。村民在此种植喜水的樟树，可适应砂壤而巩固岸边。樟树散发的气味还能避免桥上木构生虫，也为人们提供良好的环境。在桥梁上游正对河流转弯的东岸则有一棵桂花树。桂花也不惧水，它发达的根系对稳固驳岸有益。桂花树上游的路边砌筑一座小庙，祭祀土地公婆（图右）。房屋一开间，背山面水，正对严溪上游，面向远处的一座山峰。两边侧墙上有对联："公公十分公道，婆婆一片婆心"。此庙不仅寓意镇水消灾，也是村民出入保平安的祭拜之地。

　　上行过土地庙后，东山的山坡逐渐向武陵山逼近，留下一个狭窄的通道。这是严台盆地朝向大溪的唯一开口，也是村落小溪的出水处。因它位于大溪弓形转弯的外侧，大水来时，洪水极易倒灌，故在驳岸内侧砌筑石挡墙加以阻拦。进村道路顺墙而行，沿着大溪转弯向北，跨越小溪后扭头向东，再沿小溪进村。如此便将陆路出口和水路出口合二为一，便于守护。之所以要跨越小溪后进村，其主要原因是小溪北岸逼近山体陡峭的武陵山，开圃、建房都不易，做道路却比较适宜。将村口放在小桥后，可以进一步增加外人进村的难度。从进入体验上来说，这样做的层次也是非常丰富的。1933年，村民在村口建造了一座村门（图上），使得进口更加严密。村门采用屋宇式，北面贴着山崖，南面骑在小溪的拱桥上。拱桥变成廊桥后，桥跨的圆拱就是出水之洞，桥屋的面阔就是进村之门。这座廊桥便成为严台的水陆要津。过境道路就不能直接上桥，而要在外侧搭建石板桥绕行。人们过石板桥后，可沿武陵山到达北侧的盆地，也可东转直面廊桥。此廊桥不像富春桥那么开敞，因为它具备防卫作用，故做得厚重结实。桥屋砖构，两层三间，双坡小瓦顶。从外部看去，底层明间只开一个方形门洞，左右次间均为实墙，二层仅有四个供瞭望和守卫的小孔。因门洞外侧就是陡岸和河流，地势局促，故外敌很难在此腾挪、进攻。在小孔和门洞间镶嵌一块青石，大书绿色的楷体"严溪锁钥"，点明了这里的显要位置。桥屋北部紧靠于峭壁，南部则引单层小屋与石墙相接，三者连成一线，固若金汤。桥屋内侧底层设置通廊，便于人员聚集，二层则是三间小屋，北次间设门通向山腰的小路（图下）。打开村门向外看，视线舒展，西侧山峦呈现揖让之形。

## 严溪锁钥

图上 西立面
图下 东立面

　　村落东北部延伸进来的小山将盆地分成东西两条支谷。由支谷深处发育出的东溪、西溪在盆地中部庆云桥下游交汇，蜿蜒流向村口而形成"丫"形水系（图左）。此水将盆地分成两溪间、西溪西、东溪东这三个部分。各地民居的朝向都以坐高望低为主，迎接日照为辅。溪流外侧的建筑背靠高山，朝向中部；溪流间的房屋坐东北朝西南，望向村口。由于河流位居村落中部，故在北岸设进村主路。路面用大块石板铺设，以便向河道出挑扩大宽度（图右上）。路北房屋用地较宽，建筑在门前设前院，院门朝向来水。因水道的相隔，掠过溪南屋顶的阳光可直射路面。人们在驳岸处挑出上下相对的石条，将上石钻孔、下石錾窝，再插入长杆后就可做成晾晒架（图右下）。也有人家在门前空地上点缀鲜花，承接这里的日照，为此处赢得"花街上"的美名。花街到达村中两溪分叉处一分为二，各自逆流出村，通向支谷尽头。

# 花街上

图左　庆云桥
图右上　石板路
图右下　插长杆的石头

　　两条小溪中的东溪为干流，西溪为支流。为了防止西溪水体减少而带来不便，百姓在村尾高地上挖掘两个蓄水塘。上游池塘是不规则圆形，下游池塘是方形（图左上）。其不同高差可减小土方开挖；其不同形状能适应地形需要。村民以毛石砌岸，设水道互通。西溪水流经各自进水孔到达两池，溢流再从出水孔回到溪中。池塘边种植大树，

用来涵养水分、减小蒸发、巩固河堤。树下置石凳石桌，可供人们休憩。这里风景秀美，不仅是村中幽静的后花园，也是遮挡西北风的风水林（图左下）。严台人家的日常洗涤在溪流两侧的埠头开展。饮用水靠挖井取得。有的井是贴近东溪崖壁的小池，水由山体内部渗入，溢流归到小溪。人们搭建石板桥跨越小溪取水。因水流滚滚而来，从不间断，故井较浅，称崖壁井（图右上）。另一种井掘地而成。井壁用大型卵石砌筑。为了更好地汲取地下水，井底较深。村民用卵石砌筑台阶直到井底，既可在不同水位取水，也能方便淘底。此井可称踏步井（图右下）。

# 池塘与井

图左上  下游池塘
图左下  风水林
图右上  崖壁井
图右下  踏步井

# 世隆堂

图上左　屋顶
图上中　前院
图上右　大门
图下左　八骏
图下右　十鹿

1 宗祠
2 前院
3 书院

　　村中最重要的建筑是宗祠世隆堂（图上左）。房屋始建于明初，选址首屈一指。它携着东西二溪，背靠后山的小丘，西南面朝村口武陵山。房屋三落两进，由仪门、祭堂和寝堂组成。因祠堂处于村落核心，周边房屋密集。为了剪除祠堂门口排列各异的民居所产生的杂乱景象，在门前加设前院（图上中）。除了在两侧院墙错位开设券洞连通主要道路以外，还在前院墙南北两个角部分别设小门连着书院和村中窄巷，故此处交通便捷。祠堂中落已毁，前落仅檐墙还在。入口石箍门顽强展示

它的荣耀（图上右）：两侧石勒脚浮雕毕现，前方抱鼓石石鼓高耸。勒脚的雕刻采用剔地起突之法，图案吉祥。南边石板是八匹形态各异的骏马，喻马到成功（图下左）。其中有一匹四蹄朝上的滚尘马，反映了胜利后的放松心态。北边石板是十只鹿（图下右）。"十"谐音"食"，"鹿"谐音"禄"，合在一起称"食禄"。其中有一对是母子鹿，刻画一只小鹿正在母鹿的腹下抬头吸奶，暗含代代受禄的意思。

# 抱鼓石雕刻

图下 松猴采蜂

抱鼓石基座的雕刻更是奇特。工匠雕刻了一幅松猴采蜂图（图下）。一支老松的主干弯弯曲曲地从左下方长到右上方，并在末梢的最高处垂挂着一个蜂巢。由主干两侧伸出的枝条顶端缀连着三五成群的扇状松叶，掩映着其中的两只小猴。一只小猴在主干上向蜂巢逼近，另一只小猴立在下方的枝条上，似要接住万一坠落的蜂巢。主干、蜂巢及两只小猴各居画面一角，其间隙由枝叶充满，形成了饱满而均匀的构图。工匠先以剔地起突的手法，表现出它们的各自体块，再通过不同的线刻使之相互区

别。如用抖动的阴线表现老松的粗糙树皮，用放射状的直线表现松针，用弯曲短促的曲线表现出猴子的皮毛纹理。蜂巢本是画面的重点，故在凸显体块的基础上，以立体感较强的竖棱状纹理来表现六边形的蜂窝。蜂寓意"封"，猴指代"侯"，松暗示"送"。这幅松猴采蜂图表现出"送封侯"的寓意。另一块的抱鼓石上则有松下雀鹿图。工匠以相同的手法刻画了松树下的一只小鹿、两只鸟雀。雀谐音"爵"，鹿谐音"禄"，松依然指"送"。它们在一起合称"送爵禄"。

1 三岔口
2 主房
3 辅房
4 小巷

　　西流的严台溪在村落中部转向西南。溪北道路随之而去，并在转折处分出一条支路伸向西北，形成一个三岔口。三岔口中，另有一座小桥架到东南岸。巷宅用地正好在三岔口之北。为了便于四方来往，房屋用地退后于道路，在门前留出一个小广场。建筑用地便南临广场而成为一个北面宽、南面窄、斜边沿着西北向小路的直角梯形（图左）。房屋由主房和辅房组成。主人家利用割地法，在面临广场的地方设前院和大门，在后部用地中设房屋。其中东侧比较规整的用地安排

## 巷宅

图左　屋顶
图中　入口巷子
图右　大门和储物间门

主房，西侧不规则的用地安排辅房。由于这里溪流转向，岔路密集，前院大门到底设在何处成为难点。它既要位于上水位而吃到"财气"，又要出入便利而不和行人冲突。工匠费尽心思，想出这样的主意。即先将前院东院墙从邻宅后退，让出一条小巷，然后在东院墙开门到小巷，再从小巷置台阶下到东西向的主街上（图中）。如此一来，大门是朝向来水的，"吃风水"没有问题；巷子又是专用而开向南面主街的，交通也没有难度；另外，从巷子口，外人是无法通过院门而看到内部情况的，私密性也有了保证。由于大门位于院墙东南角，巷子前半段专属大门到街道的过渡空间，后半段则能另有别用。于是在巷中砌筑隔墙，以之作为巷口的照壁，并在照壁后的巷子上覆顶做成储物间，开门到前院（图右）。这是一个神来之笔。它为前院东侧增置了一间用房，且未破坏前院的完整空间。

　　前院墙低矮，可获取较多阳光。出于保护私密性的目的，将正对主房大门处的墙体拔高为照壁（图左）。向巷子开门的东院墙，也将之拔高作为门墙从而和北部的辅房檐口平齐。主房是三开间带两厢的内天井。这样既可以保温防寒，也可以全天候使用天井。正房明间是开敞的大厅，两侧是封闭的卧房。东西厢房完全开敞，形成厢廊。西厢廊尽头设门直通辅房。在主房前檐墙的明间设门。门上开门头窗，门两侧开高侧窗。门头窗对着室内敞厅，故位置最高，尺寸最大。两侧高侧窗对着厢廊，位置次高，尺寸较小（图右上）。外立面上的窗户形成从明间到两侧逐次跌落的效果。室内照度柔和、均好。为了开展多种活动，提高舒适性，铺设木地板将大厅、天井及两侧厢廊的地面连成一体，形成无障碍的室内大空间，只在大门后留出一个凹陷的地面，供大门启闭、来人停留（图右下）。

## 巷宅内部

图左　照壁
图右上　内天井
图右下　门后地面

1 大门
2 前院
3 辅房
4 主房

　　建筑位于花街之北。用地北面宽，南面窄，是一个斜边在西侧的直角梯形（图左）。房屋由主房和辅房组成。主房在后，辅房在前，两者围成一个前院。因为水从东来，故将小体量的大门放在前院东侧朝东，而将较大体量辅房放在前院西侧以便接住进门的"财气"（图右）。大门并未与院墙正交摆放，而是略微向南侧偏转。这种朝向更能对水，也使得从门进去直奔主房的道路更加便捷。大门偏转之后，门南的封火墙并没有随之变化，而是保持不变，依旧与道路平齐，这既是对场地的完形，也稍微遮蔽大门，使之在道路交口有所退后。主房三开间，占满了后部的梯形用地，其中明间是矩形，东侧次间是矩形，但西侧次间则是梯形。此间的不规则形状并不影响中间大厅的礼仪功能。前檐墙一层中间是门洞，两侧高侧窗。在门洞上方再开设一个门头窗供大厅深处采光。二楼也是三开间，这里是主房的次要部分，并不住人，只是摆放杂物。其前檐口退缩，檐下开通长窗洞。在前面的一层坡顶上砌筑两根砖柱，然后从二楼前檐分别架木梁于上，再于梁上搁置长杆，就形成晒架。房屋的东山墙另设一个门洞用于售卖，利用了主、次道路相交的有利位置。

## 韦大有宅

图左 鸟瞰
图右 入口

**转角**

图上左 窄巷
图上中 砖砌斜面
图上右 护石
图下 砖上刻文

　　严台村的可用地是难以扩展的，因此建筑在村中的排列非常紧密，这样便生成很多窄巷（图上左）。巷子的路面用大型石板铺设，在一侧留有排水沟。石板间杂以小石块，但不用河卵石。两边的墙体都是砖墙。由于房屋外部大多是矩形的，巷子拐角会有碍通行。人们常将转角底部向内收进。其方式有两种。一种是用砖砌成斜面，上部挑叠涩恢复为直角状，斜面上以抹灰、彩绘作为保护和装饰（图上中）。另一种则是在角部嵌入切角的护石，以铁件从两侧将之与砖墙拉结（图上

右）。在巷子中，住户的大门难以对着优美的景色，便寻求对着肃穆端
庄的墙，甚至不惜在别人地界中为他人砌墙，从而为自己赢得较好的
出门空间。严台村中有一处照壁墙上嵌着这样一块砖。上面刻着一些
阴文并用白灰嵌缝。其文是："光绪丙午立，阔十二尺四寸，高六尺四
寸，系门楼照墙，余墙本屋全业。江昇自造"（图下）。

# 简易木构

图左　厕所
图右　谷仓

　　村落外围有两类简易的木构，一类是谷仓，一类是厕所。谷仓在此可免受火灾之苦，厕所在此易于浇灌田地。两者建筑类型接近，都是单开间的二层木屋，上下干栏式，穿斗木构架，双坡小瓦顶，立在石质的柱础上。厕所的一楼摆放架空的便桶，二层是方便的小屋子，人们通过楼梯上下（图左）。二楼屋子的四面用木板遮挡，只留出开敞的山尖以便通风。谷仓的一楼是架空的密闭仓库，利于存取货物。二楼则是一个摆放农具的隔层（图右）。厕所、谷仓上下两层的做法正好相反。前者因为要进人的原因，规模远比后者高大。

　　严台民居门头窗的作用与婺源地区类似，都是天井转移到前檐墙的结果（图左）。有的建筑为了强调门头窗的隆重，还在它和门洞间砌筑砖雕。砖雕为供桌形，束腰三段式，内外墙基本一致。上部的出挑桌面承托门头窗的神明之光；中部的束腰安置题写或嵌入的门匾；下部的三弯腿券口庇佑进出的后代子孙。门头窗之后是一个贯通二层的空间，这其实是覆盖屋面的内天井（图右）。一层中的明间是厅，次间是房间，两侧是厢房。厅是开敞的，次间和厢房都对着内天井开设

## 内天井

图左　门头窗
图右　内天井

方格网形的格栅窗。明间太师壁后一般设后厅，依靠后檐墙高侧窗采光通风。建筑二层大多堆放杂物。为了提高照度，加强空气流通，梁枋间不做封闭隔墙，直接以裸露的屋架承托屋顶，前后檐墙的高侧窗得以借此形成风道。屋顶椽子是两两并置的，中间正好承托底瓦。底瓦上盖着盖瓦。底瓦和盖瓦并非严丝合缝，而是略有空隙。光线和气流都可以由此而入，形成一层可以呼吸的"鳞片"。建筑内部木构与外部砖墙间有10厘米宽的空气隔层，它们和屋顶之间也有空气隔层。建筑底层的主要活动场所和外部气候之间由一层墙体和一层空气层隔离，可以达到较好的保温和隔热效果。夏天的厅堂是比较凉爽的，在冬天却不够保暖，故老百姓常用火桶取暖。如果要休息可以进房间，这里六面木构，空间密闭，保暖性能比大厅好许多。

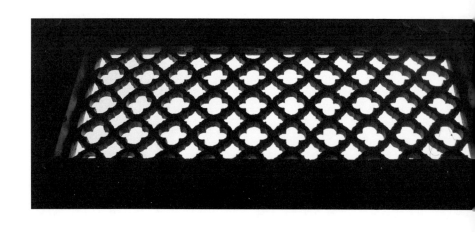

　　门头窗常用预制砖雕砌筑。比较常见的是十字花。但严台的十字花预制砖并非一个条形，而是一弯月形，只要两个上下对合，粘以泥灰，就形成一个十字花。而前者则需要四块相拼。门头窗的尺寸比较大，常用一种纹样填满。单一形态不仅可在外立面上保持整洁，避免和下面的门洞产生冲突，还让人在室内可以明显看到外部天空的形态，并保证进光的均质（图上左）。高侧窗尺寸比较小，有时为了适应它的规模，花窗纹样中还夹杂一些变化，如在上下使用十字花，中间则用

# 窗

图上左　门头窗
图上右　高侧窗
图下左　砖砌高侧窗
图下中　木棂高侧窗
图下右　铁棂高侧窗

立砖相连（图上右）。更为简易的漏窗直接用砖块砌筑。这些砖块砌筑的纹样比十字花具有更大的承载力，但进光少（图下左）。如果要扩大进光量，这些窗子还有采用木棂的。木窗棂以竖向为主，只在腰部穿过几道横棂。这样既有支撑力，进光也多（图下中）。时间最晚的要数铁窗棂，它断面尺寸小，更能够透光，常拼成方格形（图下右）。也有一些门头窗只是洞口，不用任何窗棂，以求进光最大。

　　严台的建筑并非全是封火墙到顶。有的前后檐是小挑檐结构。其山墙常在檐口升起一段矮墙，用来遮蔽侧面风雨。由于建筑密集，可以相互遮挡，所以防雨的重点在于墙体上部，故多在这里刷白粉，下部则采用青砖清水墙。白粉紧接在檐下，可以遮蔽这里的接缝，享受压顶的荫蔽而能保持长久。在这些白粉中，角部特别显眼，于是在此施加壁画。为了重点防护尖角，构图多为三角形。最常见的题材是三叶草，象形攀爬的藤蔓。图案由三片卷云状的叶子组成，两片叶子沿墙体纵横方向生长，一片叶子从墙角倾斜向下延伸。每片叶子都是卷云纹。有的壁画面积较大，在三叶草围成的空间内会填充其他吉祥如意的图案。较常见的是在其中先勾勒出一个大圆花边，然后在圆形内部绘画。有一幅在圆圈内画了老松喜鹊图（图左），只见一支长着团状松针的松枝卷曲向前，枝条上停着一只喜鹊，正在弯腰抬头，枝条下也有一只喜鹊，正在举步向前。喜鹊寓意"喜"，松寓意"送"，此图暗示"送喜"。还有的则在三角形空间中用平涂的黑色衬出流畅的花草，与磁州窑绘画风格类似（图右）。

## 墨绘

图左 松雀图
图右 卷草

**装饰构件**

图左 斜撑
图右 门环

吉祥如意的动物大量出现在建筑构件上。它们在发挥结构作用的同时附带象征意义。村中有一处建筑的二层屋檐因为出挑而用了斜撑（图左）。挑梁并不长，斜撑承受的压力比较小，其主要作用转变为遮蔽后面的立柱和上方的挑梁，使之在做轩的檐下不觉碍眼。斜撑位于檐下，且处于人眼仰视处，于是将之雕成鹿衔着灵芝的模样。为了照顾人的视角，小鹿向下奔跑。它昂头叼着灵芝，提臀蹬着双腿，在前后形成两个很大的高光面。光洁的头部与充满坑状纹理的后臀相互映衬。如果头上的鹿角没有脱落，会更加玲珑。小鹿的前后各放一朵硕大的灵芝作为支撑点。它们用料厚实，以便开槽卡在下面的栏杆和上面的挑梁间。鹿，寓意"禄"。灵芝，长寿的仙草。鹿衔灵芝，有"寿禄"的意思。精巧的雕刻躲于檐下，不沾风雨，却能受光。每当柔和的阳光从檐下射入，衔着灵芝的小鹿便身披金黄的色彩，仿佛送吉祥而来。此外，严台户门的铺首都是铁质，八边形、十二边形不等。有一个镂空的六边形的铺首颇为特别。中间的铁扣被做成一个衔着竹节状门环的兽头（图右）。兽谐音"寿"，竹谐音"祝"。每当拍打门环撞击下面的撞钉时，似乎就发出"祝寿"的声响。

# 大新油坊

图左 外立面
图右 内部结构

　　严台除了耕种盆地中的有限水田外，还经营山上的数千亩茶园。1915年，本地天祥茶号的工夫红茶获巴拿马万国博览会金奖。为了加工盛产的茶油，当地曾建造多座榨油工坊。其中大新油坊是保存较好的一座（图左）。建筑始建于明末清初。目前房屋是民国年间建造。油坊选址于严台村的北部盆地，不占用寸土寸金的"严溪锁钥"之地，却也在富春桥守护的上游境内。因为是工业建筑，需满足茶油从运输、榨取到存放等一系列功能要求，故房屋以大型的、无隔离的单一空间为宜（图右）。结构依旧采用传统的木结构外包砖墙的形式。内部木结构采用上下层。底层是密排的柱网，上层采用多檩三柱六瓜九桁形成的屋架在外侧接双步的形式。双步并没有采用二穿一瓜的普通做法，而是以一根斜梁搭建在檐柱上，这样就使得梁下净高增大，可资利用。屋顶采用了四坡式，防雨更好。瓦片为冷摊做法，室内可以看到一条条瓦缝，这就为大空间的内部带来一丝照度和气流。为了充分采光和通风，在外墙的上下层设窗。一楼窗洞为了防盗，砌筑几根花瓶式的砖柱寓意平安，二楼窗洞远离地面，故不设任何窗棂，直接以洞口对外。

横坑水经富春桥纳南侧盆地之水沿西侧盆地奔向西南，3里后收一条水流后再行半里，在金沙滩注入大溪。清代同治七年（1868年），在金沙滩建登云桥（图左）。桥长16.2米，宽6.9米[2]。由于在上游地区中严台村势力最大，故此桥也可看成是严台最远的水口桥。小小的严台村近有"严台锁钥"掩护居所，中有富春桥屏蔽田园，远有登云桥锁住"财气"，封护何其严密！登云桥虽说处于很长的一段直线形河道上，但选址并不随意，它处在南面支谷支流的汇入点到合流入溪的中段。之所以如此，是因为这里正好位于条状西山和团状东山的最为接近处。桥梁落址于靠近西条山的轴线，仿佛是其向东的衍生，正对东山的主峰。此地以建造廊桥为宜，一是这里处于严台最远的地域，桥梁具迎来送往、"拦财锁气"的作用，二是这里地处较空旷的茶山，做成廊桥可供人休憩停留。因地处最下游，此桥的建设面临较大的水势。据当地人说，这里溪流交汇，涨水凶猛。以前发大水时，洪水能够淹到四五米以上。为了避免洪水破坏，上面的桥屋要高耸才好，于是建筑石砌大拱，一跨过溪的同时，也托高桥屋（图右）。

## 登云桥

图左　向东鸟瞰
图右　桥南立面

　　桥拱利用大小不等的料石眠砌发券（图左）。拱券表面是一块块密集的条石丁头。拱心石做法与之相异，采用了大面朝外的斗形砌筑。此法利于合拱时做出微调，使得拱券更加贴合。工匠以横向的扇形桥匾遮盖拱心石两边的石缝。为了嵌合牢固，将两侧夹持的丁石刻成燕尾榫后再行放入（图右上）。桥匾刻"登云桥"三个大字，一来说明此桥高耸，登临好比步入云间；二来祝愿行人从此走上青云之路。拱券之上，用石块做成桥面，并提供压重。首先在两侧砌筑类似"凸"字形的上、下级矮墙压牢拱边。上级压住桥跨，下级压住桥台。然后在两片矮墙间填入石块造桥面。桥面中部与上级矮墙顶面平齐，两端则做成台阶，经过下级矮墙顶部后降至岸边，由此形成与拱券贴合的梯形（图右下）。桥拱岸基的上下游均砌筑雁翅墙。上游较长便于远距离约束水体，下游较短以便迅速扩大行洪面。这两者均在桥台前后另设，不与之一体，方便毁坏后根据水情而再行修补、微调。

# 桥拱

图左　拱底
图右上　桥匾
图右下　桥拱

# 桥屋

图左 桥屋
图右上 桥侧
图右下 美人靠

拱券高耸，桥体就要很宽才能稳定。故上面的桥屋采用内四界带左右双步的穿斗结构（图左）。中间是四跨通行走道，旁边各两跨休憩空间。拱券也很长，故设五开间桥屋。明间、次间在上级矮墙之顶，尽间在下级矮墙之顶。工匠在尽间砌筑檐墙，进一步压实拱脚，并在桥端将墙体连成"凹"字形，于中部开券洞对外（图右上）。北侧门洞前嵌入"璧络"匾，指代连系东部的团形山体，南侧门洞前嵌入"奎联"匾，指代连系北侧的条形山脉。两头的凹形空间，如同四个折角形的角柱，不仅压牢了拱脚，也稳固了中间的三开间木结构。得到这个空间的照顾，中间三间就可以放心地做出较高的悬山顶。为了顺应楼梯的登临，两头凹字形的空间上分别覆盖坡向两岸的单坡顶，与中间的悬山顶形成歇山结构，可在缩小后者防雨范围的同时，减小整个桥屋的风阻。四个角柱地处最外

侧转角，颇受风雨，但它们是砖
墙所筑，故能耐得住侵蚀。每榀
木屋架的内四界采用两柱二穿三
瓜五桁的形式。左右双步承接二
穿一瓜二桁，不设挑檐桁，其中
一穿的大梁仅在上部刻成凸形，
以便不损失强度的条件下，承托
上面的瓜柱。桁条之上架设椽
子，铺设冷摊瓦。屋架间的彼此
拉结，在上部利用内四界金柱上
的大枋木以及檐口的随桁枋，在
下部则利用了美人靠（图右下）。
美人靠由背板和座板两块木板组
成。前者立放，直接穿于两柱之
间。后者平放，搁置于矮柱和檐
柱架设的短梁之上。所有柱子下
部均有木柱础，美人靠的柱础为
条状，以便承托和固定檐柱和矮
柱。尽间采用砖木混合结构，斜
梁及二穿一瓜的单坡屋架从金柱
上伸出搭在砖墙上。由此产生的
单坡顶与中部悬山顶之间有一个
镂空三角形，这里便于空气流
过，叮减小屋顶的负压。

# 江村

摘要

从北到南的江村河将江村盆地一分为二。唐代迁来的江姓和宋代迁来的郑姓均在河东伴支流建村。为了利用水运，村民在江村河东岸建造了多处埠头。一座在南部的水流转弯处，另一座在中部的犀牛望月处，它们通过折线形的台阶连通岸上的村门。其中南门朝西，西门朝南，两者和坐东朝西、居高临下的沿河建筑连成丰富的村西立面。村落东部的房屋则坐西北，朝东南，面朝南面的案山。它们呈行列式排列，形成多开口的方格街巷体系。出于抵御寒风的需要，先民还在北部村头种植18棵大樟树。因航运便利，江村商品经济发达，有货船近千只，曾创办浮梁北部第一所银楼，村中建筑有民居和商铺两类。民居采取主房加辅房的形式，利用割地法布局，发展出内部木构和外部砖墙相嵌装的结构。木构与砖墙构造合理，石雕、砖雕和彩绘技艺精湛。商铺多为开敞的独栋式，前檐立面中还出现了利于夜间营业的套窗构造。

关键词

江村，民居，浮梁，乡土建筑

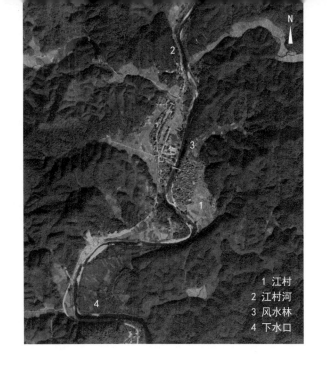

1 江村
2 江村河
3 风水林
4 下水口

# 地势

图左 区位
图右 布局

　　江村位于浮梁北部。发源于安徽祁门众山深处的江村河旖旎南流，在金沙滩口合严台之水，经诰峰、下家畈里，穿越一个狭窄的山口后进入江村盆地（图左）。盆地长约1.3千米，宽约1千米。水流在盆地中间向南直行，将盆地分成东西两个半圆形盆地。西面的盆地偏居于北部，东面的盆地居于南方。流水由后者南端先向东南，然后西折、东拐，最后再向南而去，形成一个几字形大弯。大弯缓滞了盆地中的直泄水流，提高了两岸的水位。出村之水由此而下，汇小北港南流，于峙滩入昌江，奔浮梁、景德镇。唐代，有江姓迁入居住，起初定居于水东盆地的山麓。这里处于盆地的下游，有天然的水口，邻近的东山还发育一条小溪，可资生活与农用。后来，郑族从祁门迁居而来，两姓便在水东隔溪而居。明代，江氏族人在朝廷为官时获灭族之罪。知情人连夜传信家乡，嘱江姓族人悬挂郑氏灯笼避祸。当地有"江村一夜郑"的传说。江氏隐姓埋名后，郑氏便在江村崭露头角，渐成望族。

此地土肥地旷，物产丰饶，交通便利，人们以种茶耕田为业，经营商业贸易，势力逐渐壮大，终于在清康乾时期达到顶峰。一村共有茶号13家，小船千艘，甚至还开办了一家银行，成为浮梁北部仅次于勒功的大埠。江村建筑朝向多样。距河较远的房屋坐西北、朝东南（图右），它们在前后左右连成网格形街巷，既可获得较好的日照，又能平行面对盆地南侧东北到西南的案山，并赋予前排建筑更加雄伟的对景。靠近河岸的房屋面朝河流，坐东朝西，它们顺应河岸走向从北到南缀连成弧形。此类建筑门前有沿河道路，路西有宽广的水面，视线十分开阔。为了防止外人窥视，门前或建有照壁。

1 南埠头
2 西埠头
3 江村大桥
4 西北屋
5 巷西屋
6 墨绘宅
7 砖雕房

N

埠头

图左 南埠头村门
图中 西埠头村门
图右 樟树

　　除了民居以外，沿河还有两个重要的埠头，一个位于村南，一个位于村西。由于村南具有三个天然水弯，工匠便在第一个转弯后的水势缓慢处设置南埠头，利用下面两个转弯抬高水位、泊舟停船。埠头后的台阶经人字形转折后直通村门（图左）。村门位于高高的河岸上，为门墙式。建筑一开间，朝向西南。开设于门墙中部的洞口正对远方浑圆的山峰。门墙外设置八字形影壁，赋予大门三开间的气势。影壁上架桁铺椽排瓦，使得大门具有门屋的隆重。门匾上写"春来天地"，借用了杜甫诗句"锦江春色来天地"。大门前筑半圆形的平台，平台上有五块红色山岩作为栏杆。在此凭栏不仅可以俯瞰来往船只，还能环视前方的主峰及两侧的四座山峦。这五座山峦围绕着条形的码头而来，当地人称之五马同槽。门后则是三个台地，每个台地间设三级台阶，营造步步高升之感。门后有长巷，其尽头东山如屏，故在此题写门匾"钟灵毓秀"。南埠头上游离西岸不远的河流中有一块状如巨牛的岩石。这就是当地有名的犀牛望月。人们在此修筑一道滚水坝用来提高上游水位，并在其岸边建造西埠头。因庄台较高，埠头的后方也设之字形台阶。台阶先向下游到达休息平台，然后再转向上游的村西大门。此门是典型的砖砌门墙式（图中）。为了结构牢固，以四个砖柱将立面分成三间。明间设门洞，屋顶升高，次间为实墙，屋顶降低。每个屋顶都做弧形压顶，并升高砖柱进行间隔，其形式类似中国三间三楼的冲天牌坊，也仿佛西方巴洛克建筑的山花。这或是江村对外贸易带来的一缕"洋风"。门洞为拱券形，如同锁孔。它正面朝向西南的主峰，故写"江村锁钥"，背面朝向东北，则书"紫气东来"。村落位居开阔的西边盆地，常受凌厉的北风侵扰，故在村北种植18棵樟树作为屏蔽（图右）。"十八"是郑氏的吉祥之数。福建永安荥阳祠中就曾记载郑氏祖先孕育"九子十八胎"的传说。在北风的吹动下，樟树枝叶婆娑，当地人称之为"十八学士拜学堂"。

　　直线形的溪流长期下切，导致江村盆地河段常年水位较低。因此，跨越两岸的大桥采用单孔敞肩的形式（图上）。这种形式利于行洪，并可借力河岸高地。为了发挥材性，所有拱券均采用混凝土现浇，桥台、桥面则用石块填充、包砌。它是钢筋混凝土和砌块结构结合的产物，体现了浮梁的传统石拱桥技术的发展。在这座石拱桥中，中间的大拱采用由拱脚至拱顶渐渐减薄的变截面，能够精确满足稳定性的要求。这种做法手工砌筑颇为难办，采用现浇却是易行。每边大拱的敞肩上设三个小拱（图下），并在相邻的桥台处再设一拱。它们可节省用料、扩大行洪面。桥台之拱落在岸基较高处，日常水位时可供沿河道路穿行。由于各小拱高度不同，跨度从外向内递减，拱脚也相应变薄。以东岸为例，桥台拱跨度最大，大拱上第一拱次之，第二拱又次之。第三拱接近桥中，由于这里高度小，无法做出竖直的拱脚，故将之垂直落于大拱上，跨度竟然又变大了。各拱脚外侧采用较规则的条石砌筑，内部填充毛石，这样能节省工料。拱脚下部放大为基座，可减小大拱

上的压强。因河岸坡度相近，两头的小拱形态基本对称。西侧盆地虽
然地形稍低，但可垫土做长坡上桥。桥面用混凝土出挑两道叠涩使得
桥面水体直落河中，不染桥侧。栏杆以混凝土竖柱加上两根横杆做成，
利于过风、行洪。由于大拱、小拱均有变化，粗壮的桥型不乏矫健，
加之立柱、横杆等物的对比，更添秀美。

## 江村大桥

图上　桥北立面
图下　小拱

建筑位于十字路口的东北角（图上左）。用地为直角梯形，西边是斜边，东边为直角边。工匠将主房放在东部，以剩余的梯形用地作前院。辅房在前院南侧，大门在辅房西南侧朝南。门的位向之所以如此，是因为建筑远离从北而来的江村河，入口少受其作用，故以此状来适应北高南低的地形。大门向内侧稍微退后，避开了繁忙的十字路口，也减小了门后空间的逼仄感。前院中要设置进入主房的二道门（图上右）。若要流线便捷，此门不宜深居于院后。主房便采取对厅的四合天井，以长向的东西向天井对着前院，以便在此开二道门。四合天井的南北两面是正房，东西两侧是厢房。一楼采用对厅结构，南北二厅分别于主房明间隔天井相望（图下）。由于二道门从侧面开入，厅的私密足可保证。二楼则采用走马廊结构，以一圈内走廊串联各房间。主房的东西厢房为依靠封火墙的单坡，南北正房为夹于封火墙的双坡。正房外坡落水，内坡与厢房坡顶形成交圈的天井。此天井虽然狭窄，但

# 西北屋

图上左 屋顶
图上右 二道门
图下 对厅

东西向很长，利于接受东南西三方日照。为了进一步满足晾晒、采光的需要，在北、南正房的西次间二楼各开大面积采光洞，一个朝西、一个朝南。

1 主房
2 辅房
3 前院
4 大门

　　建筑位于小巷西侧。用地梯形，南面宽、北面窄，西边是直角边，东边是斜边（图左）。房屋由主房加辅房组成。住户将主房放在西侧，利用其直角边；将辅房放在东侧，利用其剩下的斜边。主房是前后天井的形制。前天井形制完整，两侧厢房采用单坡，外接封火墙。后天井形制简易，实际上是主房的明间屋顶在后坡檐口处留洞而成。主房的前后檐紧贴用地，只在东侧厢房设门对外。为了与此呼应，辅房只能后退，让出前院给主房开门，并在前院东墙再开院门。由于院门位于窄小的东墙，可供施展的余地不大，加之此门直接对外，也不便露富，于是设置比较简洁的入口。由入口进来，一下子就能看到主房雪白墙上的大门，此门精雕细刻，在前院中居于主导地位。虽说眼睛可以直视门里，但看不到大堂内部（图右）。来人需进门后右拐，才能登堂入室。从前院到辅房也十分便利，直接右拐就可。这个房屋有三个天井，一个比一个小，越来越私密。空间排布紧凑，流线主次分明。

## 巷西屋

图左　鸟瞰
图右　主房门

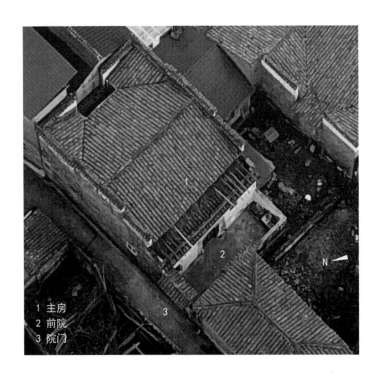

1 主房
2 前院
3 院门

墨绘宅

图左 鸟瞰
图右 院门

　　建筑位于河东，处在东西向巷子的南侧，用地是沿巷伸展的长条形（图左）。因用地条状，故主房偏东、前院偏西，以适应东高西低的地形。在此布局中，主房不得不采用坐东朝西、居高望低的布局，以求和前院搭配。前院中，于北部设院门开向巷子（图右）。为了充分利用这个长条形地块，主房进深较大，采用了前方内天井、二层退后，后方三合天井、上下一致的形制。以屋脊为分界线，前半部分是前厅加上两边房间的内天井形制。内天井依靠大门上的门头窗采光。二楼进深缩短，檐口后退，檐下开通长窗。在一楼前檐架设矮墙与两边封火墙连接，形成二楼的搁杆晾晒场所。在后半部分，一楼的中部是后厅，此厅与西面的前厅依靠太师壁相隔。后厅的两侧是次间，次间东部是厢房。此厢房可以充当厨房。为了使烟气充分疏散，故采用露天天井。其二楼布局与一楼类似。前院的大门为独立的门墙式入口，不占巷子一寸之地。即在院墙中预埋挑梁、设置斜撑、立瓜柱、承托挑檐桁，并将院墙升上去顶住脊桁，形成双坡顶。大门对面的墙上施壁画，隐约与大门在巷中形成自己的领地。因门屋墙体过于平板，故也在上面施墨绘。

门上置匾，题"瑞气盈门"（图左上）。匾两侧各用墨线勾出方框，填以墨画。西侧为"寿鸟宜人"（图左中），绘制一枝横陈的桃花，上停着两只莺鸟。莺鸟羽翼丰满，相互对答，花枝似随鸟鸣而轻颤。东侧为"燕语莺歌"（图左下），画的是柳条旁的两只燕子。只见在随风飘拂的柳条旁，远处的燕子展翅而至，柳边的燕子却连忙转身。这两幅绘画一静一动，相互映衬，力图在偏僻的咫尺小巷，再现大自然的祥瑞之景。颇为特别的是，在它们上面还留有各自的打分。其中"寿鸟宜人"得分90，"燕语莺歌"得分80。在大门的其他地方，还绘制凤穿牡丹、一甲传胪、鱼藻图等（图右）。这些图片构图丰满、技艺精湛、寓意吉祥，且并无成绩在上，很可能是师傅所为。此门或许是当时的教学之地。门第中或许隐藏着一位高手。

## 墨绘

图左上 门匾
图左中 寿鸟宜人
图左下 燕语莺歌
图右 凤穿牡丹

　　建筑在村落东南部，坐北朝南。门前的小广场不仅有晾晒、停留等实际作用，也提供了远看前山、近赏立面的空间（图左）。房屋是主房加辅房的形式。主房采用内天井。建筑三间二层，明间前檐墙设门。此门颇有特色，为"商"字形。门洞开在一层。洞口上方架设木过梁，支脚处挑雀替，周边以磨砖贴面，外缘用条砖勾出海棠纹，形成一个"冏"字。在它的上面立两个砖壁柱，支撑一字形的挑檐，壁柱间再开门头窗，由此和下面的"冏"字组成一个"商"字。做成此状的原因并非仅是仿形，其实是为了安置门头窗的缘故。如果挑檐像常规做法那样紧压在门洞上，那么门头窗就会在挑檐之上，如此就不能享受到挑檐的遮蔽了。门头窗中的花砖比较复杂（图右上），看上去是在斜放的方格中套嵌正方形的海棠纹，仿佛有两套纹理，其实是以正方形的每边附带两个海棠花瓣作为构件而预制拼装的。门洞两侧的高侧窗也用花砖砌筑（图右下），依靠两侧做出起伏的条砖砌成斜方格和十字花瓣的嵌套模样，样式与门头窗类似，只是大为简化，以便形成等级之分。

# 砖雕房

图左 建筑立面
图右上 门头窗
图右下 高侧窗

　　建筑坐东朝西，平面四方，两层双坡，封火山墙，形体对称。但入口大门偏于南侧（图上）。这种对称体量中的不对称立面，或是缘于内部厅堂的左右房间要作大小区分以方便使用，或是利用不等规模的房间来中和不等的地形。门上设门头窗，门两边设对称高侧窗。为了给厅堂均等的光源，这四者布局匀称，形成了不对称立面中的局部对称。如果进一步细看门头窗的位置，则会发现它偏于大门北侧，左右相差一个花砖网格。这可能是为了照顾厅堂北侧稍大的空间。如此进一步形成了局部对称中的微小不对称。建筑立面的门窗在对称与不对称之间，是多层次空间使用要求的微妙反映。窗户内部均有砖砌花格，在散射西晒时兼有防盗和美化作用。前檐口瓦垄上砌筑矮墙，与两侧封火墙相连。屋面排水由矮墙底部瓦沟流出。二层屋顶后退，檐下是通面阔的开敞大窗，长杆从这里伸出，架在矮墙上以供晾晒。一层前檐短墙除了搁置长杆的作用以外，还能遮挡巷中人们的视线，使二楼

# 对称与不对称

空间具有私密性。另有建筑的朝西窗洞中,除了利用砖砌花格来散射光线外,还在窗后准备了活动遮阳板(图下)。板由竹篾编成,顶部悬于窗内上沿,下部拴绳。绳经天花底部的滑轮扣于明间侧墙上,收放绳索即可控制启闭。冬日可放下抵挡寒风,夏日可稍微打开以遮蔽日照。在平时,可以开到最大以提高内部墙根处的照明。

　　除了住宅以外，江村多店铺（图左）。店铺需要直接对街道开门。由于沿街面金贵，故房屋彼此靠近，依靠封火墙隔离。普通店铺的面阔并不大。此店铺仅二间二层。底层在檐口的砖墙上一间开门、一间设窗。白天，人们直接进门交易，晚间则通过窗户买卖。二楼前檐向外出挑，可为下部提供遮蔽。由于有了出挑的屋顶，二层则做成通面阔的木构短窗，借之为深远的内部空间采光。有的商铺将一层的窗子开得很大。为了展示和防卫兼得，将之做成大小窗洞嵌套的构造（图右上），白天的时候，打开大窗洞让人们选购，到了夜里，则用木板封闭大窗洞，只留出上面的小窗洞。由于窗户高大，有时只靠顶楼的出挑是防不住大雨的，于是在大窗洞的上面再设一道薄砖挑檐（图右下）。

# 套窗

图左 店铺
图右上 套窗
图右下 套窗挑檐

　　建筑山墙做法多样（图上）。一种是清水砖墙。墙体的顶端以挑砖封檐。水平砌筑的山墙和斜状屋顶交接时，先要将墙顶砌成阶梯形，然后沿阶梯形斜铺一层眠砖，最后再出挑几皮眠砖形成小挑檐承接屋顶的瓦片（图下左）。由于阶梯状的眠砖和斜状的压顶砖之间有缝隙，便用白灰在此嵌缝、抹面加以保护和美化。山尖下的白灰地位最高，光线最亮，也易遭风雨，故在此增设彩绘（图下中）。稍有钱的人

家会在山墙前檐口砌筑矮墙（图下右），为檐墙挡住角部的风雨。更富裕的人家则会将山墙全部砌到屋顶以上，以便挡风防盗。墙体随着屋面分段跌落成马头墙，在外墙抹白灰，于檐口做彩绘。白灰或只有檐下一条，或者只在二层墙体。只有特别重要的建筑，才在檐口和勒脚间满敷。

# 山墙

图上 多样的山墙抹面
图下左 清水青砖山墙
图下中 人字形压顶
图下右 檐口矮墙

　　房屋排列密集，形成很多窄巷。为了通行方便，在建筑转角常做斜角。斜角高度在2米以下，上部依旧保持原状，以便檐口与屋顶交接。斜角规模视通行需要而定。小规模的斜角，斜边长度不超过一块眠砖（图上左）。这样可以将眠砖两头搭在两面墙的立砖上。只用将上下层的立砖进行出挑、切角、拼合就可。和上部直角的交接则采用单块眠砖出挑的方式。为了美观，不使尖角产生妨碍，挑砖的底部尖角被削成弧形。大规模切角的斜边有2～3块砖体的长度，宜按照砌筑斜墙的办法施工（图上右）。它的上面和直角墙体的衔接宜通过挑砖进行。此地的挑砖墙放弃眠立相杂的做法，而是均用眠砖逐层出挑，最后以一块眠砖结束，充分融入左右二墙。和小规模的斜角类似，两面墙体第一层挑砖的下部尖角也倒成弧形。但最上层共用的那块眠砖因其位置较高，下角则雕成便于墙体滴水的鹰嘴。檐口的挑檐上有时会砌筑矮墙来搁置二楼伸出的长杆形成晒架。为了不干扰瓦沟排水，矮墙的脚部收成一块块丁砖架设在瓦垄之上（图下左）。瓦垄上的瓦原本

# 砖瓦作

是斜铺的，需要在下方多垫几层找平后才能承担丁砖。当矮墙不高的时候，这些瓦片尚可承担。如果矮墙比较高，就不宜如此，因为盖瓦本身就是由仰瓦支撑的，找平的盖瓦也不能保证压实，它们极易在重压下断裂。于是将盖瓦揭开，使得立砖位于盖瓦和墙顶间，然后在瓦顶砌筑墙体（图下右）。这种方式的传力点儿乎在一条直线上，较为可行。

# 石作

石材因为防水、坚固而用在近地工程中。它们包括柱础、铺地、台阶、门框及泰山石敢当等。建筑大门的门槛下面会做一级挑台。挑台不和地面接触，能随建筑沉降。如果这级挑台离地面很高，就要在它下面插入室外台阶。室外台阶坐落在室外地面，和挑台间有空隙。当建筑沉降时，两者不起冲突。一般人家的室外台阶由条石做成，对位插入挑台下便可。比较富裕的户主还在此做垂带石（图左上）。垂带石模仿了抱鼓石的形态，取其隆重的等级寓意和友好的弧面之形。抱鼓石横放于地，并在靠墙面开槽与挑台榫卯相合。它遮挡住台阶的侧面，消除了一个个尖角。石箟门的过梁并非一条直线，而是一个倒过来的"凹"字形（图左下）。如果采用"一"字形的石梁架在竖直的门框石上，交接处正好位于转角，对施工精度要求很高。稍有不平，接缝就会非常明显。而"凹"字形的过梁却能避免这个问题，因为它的转角拥有和门框柱接驳的短柱。为了防止转角处受损，在其内角添加了雀替。这里的雀替是和过梁连体的，并非后来安装上去，因此能提高强度。雀替稍微凹陷于过梁表面，可避开风雨，故在其表雕刻狮子盘球等纹样装饰门庭。天井式建筑的天井对着屋檐处做深檐沟承接雨水（图右上）。檐沟及地面全用规整青石砌筑。沟中设石隔挡，既可抵住侧壁，又可用来支撑临时盖上的石板，使得厅、井形成一个连续的无沟地面，方便举办大型活动。隔挡中部开孔，便于流水环通，使得流水于院墙处的石算子排出。算子用整块石板雕成。此处雕刻是双鱼朝阳的样式（图右下）。在剔底的圆形构图中，只见一轮红日驾驭着蛟龙般的卷云从左上角慢慢飘入，两条鲤鱼从水中一跃而起，共同迎接它的到来。翻滚的波涛如同一层飘浮的云气，横亘在鲤鱼身下。这样做的目的，一是营造飞腾的动感，二是将排水口藏在云下的阴影中。在阴影的微暗处两条鱼尾彼此相连，如剪刀般跨在排水口上方。它们忠诚地守护着主家的"出财"之处。当大雨来时，屋顶滴水全部汇入檐沟，檐沟水位上升而淹没鱼身。此时，不时有气泡从小孔排出，两条鲤鱼仿佛在水波中涌动，化为真的一般。

# 陈村

摘要

浮梁陈村的文昌桥是横跨在罗村河下水口的石拱廊桥。平行北面长丘、正对南面峭壁的桥体将两岸道路连成丁字形，以三个半圆桥拱抬升桥面而排泄上涨的水流，凭七间八柱的砖木桥屋应对拱券受力及不等地势。在桥南陡坡造文昌阁提倡文风，于桥北坦面放坡道以便登临。从北面过河，可上坡道、穿廊屋、直面当头的文昌阁；由南侧越水，可沿文昌君的目光穿廊屋、出拱券而面对远处的笔架山。

关键词

文昌阁，文昌桥，廊桥，陈村，浮梁

1 陈村
2 罗村河
3 文昌桥
4 狮踞虹桥
5 林冲坞口
6 西溪

# 总体布局

图上 卫星图

　　浮梁北部名为集源的小村名副其实地成为昌江三条支流的分水岭。在这里，西侧的兴田溪、夏田溪几乎平行地向西北流去。南侧的罗村河则绕过村东后往北而行。溪流在下距昌江交汇口约6千米的陈村，走了一个"之"字形：流向西北的水体遇到大山的阻挡，向东北行1里，再转向西南2里，最后复向西北而去（图上）。陈村就在这个东北到西

南的河谷中。为了便于村民和商旅来往，需在河上架桥。文昌桥便应
运而生。桥建于明宣德丙午年（1426年），宽约4米，长约30米[1]。它
选址于村落下水的山势收束处，紧接在溪流转弯之后。这里地势良好，
既能利用消解的水势保护桥基，又可纳入另一条由南来的西溪。

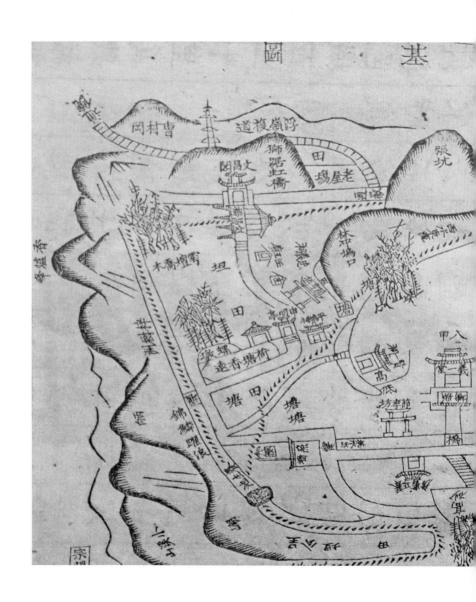

桥名文昌，可以沟通两岸，并振兴当地的文风。从民国五年的陈
村宗谱中可以看出（图上），当时的桥梁位于村落之西南，处在西侧的
"狮踞虹桥"与东侧的"林冲坞口"间。桥三孔两墩，上覆五开间桥
屋。其西端抵住大山，正对山麓的两层八角文昌阁，其东面处于"坦

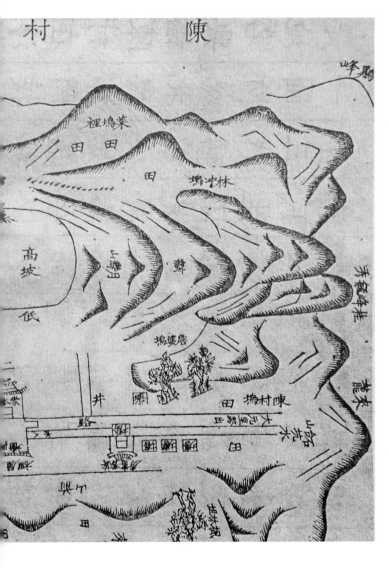

村　陳

峰鵝

裡塘菜
田　田

田　塘冲林

高坡

低

山朝

數

塘婆磨

井

路

田　塘村陳

茶筅峰挂

龍來

山市
水

古图

田”，接以踏道、斜坡组成的长长引桥。人们由村东大元里而来，经"崇本堂""义一堂"，过"荷塘香远""申明亭"，穿节孝坊而踏上登桥之路。为了稳定上游河道，在引桥与河岸间的"螺墩""雩坛"上广种乔木、竹林。

　　目前，桥址不变，桥跨依然。仅桥屋、文昌阁有所变化。在几百年的风雨中，此桥巍然屹立。从具体选址来看，桥的西南面是一座山峰，东北面是一条长丘。工匠将桥梁放在长丘上游的山脚，顺着长丘摆放。之所以没有落址在长丘上，一是为了降低拱桥高度而节约造价、省却爬行之苦，二是便于在桥址和长丘间形成漫水通道。更为重要的是，放置丘前可以自由选址，以求桥梁正对南山的主峰。由于这里水道狭窄，洪水不时上涨，于是建造多跨拱桥，使得行洪宽度大于上游河道（图上左）。桥拱设为三跨易于施工的半圆拱，既可确保自身高度在洪水位以上，又能降低桥面利于通行。为了给拱桥提供压重，供路人休憩停留，并进一步勾连两边山势、封堵下游空间而留下"财运"，桥上再造桥屋（图上右）。桥屋形式与浮北地区的路亭一致，采用砖柱木构架，充分发挥了砖柱重量大、耐风雨的特点。由于北来的流水至此撞到崖壁而转弯向西，因此南岸不设置桥台，直接在崖壁上起券以便泄水。北岸则堆成一条土垄，在土垄端头起券。为了保护土垄，在上游做雁翅。中孔直接在两个桥墩上形成，面阔稍大于两边边孔

## 形制

图上左 东南立面
图上右 桥屋
图下 桥孔

（图下）。墩子上游均作分水尖。南墩分水尖长而尖，可以引导直水。北墩分水尖短而粗，以便抵御涡流。桥屋七间八柱，排布大小间隔，看似无序，其实自有一番道理。工匠首先在每跨拱顶砌筑砖柱，然后在拱脚立柱。这种做法压住了拱券的关键点，传力高效。在两个分水尖中，南侧不如北侧粗壮，故上面的柱距也略小。点状的柱间再配以砖砌栏板，使得拱券均匀受力。由于南侧拱券的拱脚直接落在崖壁上，故这里省略砖柱，便于通行的同时，也利于行洪。因为大水来时，靠山峰一侧因处于转弯外侧而水位较高，让开这一段桥面可避免阻水。这里的桥面无栏杆防护，于是在两侧立石墩，插木旗杆，悬红灯笼，既为夜间来客引路，又烘托了前方文昌阁的祭祀氛围。

屋架

图左上 结构
图左下 文昌阁
图右 对景

桥屋共有八榀屋架。每榀屋架由一对砖柱架设抬梁屋架而成。砖柱厚重、稳固。为了利于行走，内侧两角切成斜面。各檐柱间，上有据柱头约四分之一高度的连系梁而得到加固，下有预埋的两根木板所形成美人靠而得到增强，外有砖砌筑栏板而得到稳定（图左上）。每榀砖柱的内侧包砌一根大梁作为横向拉结。梁上再架设四根瓜柱。分别承接步柱、金柱，然后在中间瓜柱上再做小梁支撑脊瓜柱，承托各桁条。这些桁条与砖柱顶端外侧直接承接的檐口桁条一起托住椽子，支撑小瓦屋面。屋架下有砖柱包砌，上有桁条钉牢，故较为稳固，不再设连系构件。在屋架两端砌筑三跌落封火墙保护内部木构，并于中间开券拱。券拱上嵌入桥匾，北侧写"文昌阁"，南侧写"陈村桥"。在正对南侧拱券的山坡上建造平台，砌筑文昌阁，抵挡山坡的落石，保佑桥梁基业（图左下）。它既是南面拱券的对景，也聚集着来往行人的人气。如果从桥中向西北而行，券拱中的一座马鞍形山峰历历在目（图右）。廊桥如同文昌君的一支巨笔，仿佛要搁在这座笔架之上。

　　因为两侧密林的呵护，登上引桥的人们看不到水流（图上）。长长的坡道具有朝拜气氛。多开间桥屋提供了一段光影变化的序列，进一步增加行进欲望。在视廊终点处，娇小的文昌阁正好嵌入，它光线明亮，剔透玲珑，充当了彼岸的神圣接引。

## 全桥形态

图上 鸟瞰

# 楚岗

摘要

深居于浮梁北部大山中的楚岗位于朝西的簸箕形盆地。村落靠北山以防风，面南山以取景，踞西边豁口筑天池、建廊桥紧锁溪水之"财"，只放一线飞瀑而出。村中房屋以天池为中心向山上扩散。龙头屋位于天池东首第一家，其主房、辅房、前院和大门组成弧状和天池贴合，朝向南山中峰的大门位于东部，前以路边岩石为屏，后以池边桂树作障。祠堂位于村落较高处，坐北朝南，居高临下，三落两进的中轴线穿越天池，直指进村道路，并终于对面的南山西峰，它是村落的西部界限，具有抵御外来"冲煞"、呵护内部安全的作用。在祠堂东侧设大门，门向正对南山中峰。为了保证视廊通畅，大门前留出长条形广场。从廊桥、天池经龙头屋、登天梯而到广场、祠堂的路径，是进村的最高礼仪。

关键词

楚岗，天池，祠堂，礼仪路径，乡土建筑

1 廊桥
2 天池
3 龙头屋
4 祠堂

# 选址

图左 从北向南鸟瞰

　　楚岗隶属于浮梁鹅湖镇，位于昌江支流夏田溪的东源源头。它以海拔约600米的高度雄踞在朝西的簸箕形盆地，与昌江东河、新安江这两个流域隔山分派。来自东北部的溪流在村中一路下跌向西南而去。为了留住这湍急的"财气"，人们在水口处营造了一个高举的天池，并在其下方做晒坪、建廊桥，以求锁住所有的风水（图左）。溪流穿越廊桥后直落十几米，形成一道挂于村前的瀑布。村落居民姓叶，自明代从婺源迁来此处，已历600多年。这里交通险阻，人迹罕至，村民种植水稻、茶叶、果树为业，过着桃源般的生活。每逢中秋，他们就会舞起龙灯，供奉对面的火形山龙，希冀消除火患、佑护乡里。张弛有度、与世无争的生活使得楚岗的村民极为长寿，耄耋者在此怡然自得。

275

1 天池
2 主房
3 辅房
4 前院
5 大门

　　天池是一个建在陡坡上的石砌水池，用来沉淀上游有机物质，并为下游储水（图左）。它的形态很有讲究，其东部做成拱形池壁，可用来抵御山体塌方，其西侧采用直线形坝体，能够省料省工。池长25米，宽13米，深1.2米，可储水300立方米左右。来水口位于东北角，溢流口位于西南角，两者之间具有最长的距离，可以充分搅动水体，便于鱼类生长。楚岗民居大多分布在天池上游。为了利用难得的平整地块，房屋由大体量的主房和小体量的辅房组成。这两者常以前后、左右的方式进行组合，并使主房位于辅房下游，以便利用前者抵住后者，从而弥补地势的不平。房屋大门安排在上游一侧，让人们出门时向上游走，感受步步登高的寓意。早期的建筑沿着天池东北岸建造。房屋排成弧形向山上发展。两排紧靠天池的建筑就呈现出典型的同心圆模式。建筑由主房和辅房组成，每户的辅房都在东北侧，这里朝向来水，面对上游。天池东北角地势最高，且是进水口所在，进村道路也从这里的台阶向上延伸，故此处房屋设计要格外精心（图右）。建筑为龙头屋。它并没有紧贴岸边设置，而是退后在岸边的高台上。这样就为后部的人家留下了交通路径。建筑的主房位居下游，辅房位居上游。辅房并未和主房前檐口平齐，而是后退让出前院，在前院东部置大门。门朝东，对着来水。主房、辅房及大门均作微小偏转以求和天池北岸更加贴合。

## 天池和龙头屋

图左 从南向北鸟瞰
图右 从西向东鸟瞰

1 大门
2 岩石
3 桂花
4 水圳
5 小桥

　　为了灵活取势，建筑大门独立。它位于进村道路西侧，面对南山的中峰，正好处在一块突起的岩石之后。工匠将岩石修整为近一人高的安全护栏，并将其后侧凿平为门前空地。从此处向下几个踏步，则是一个更大的平台。在平台内侧，一条蜿蜒的水圳及其小路由东到西经过这里。小路与平台平接，水圳由台阶和平台的桥下而过并分水进入天池。在平台外侧，则有两条人字形的陡峭台阶在此交会。平台便成为五条道路的辐辏之地（图左）。从东侧两路来的人们受到岩石遮挡，并不能看到房屋内部。而从西侧两路来的人们则会看到主入口。

# 龙头屋大门

图左 门前交通
图右上 大门结构
图右下 远看大门

为了对其视线也稍加阻挡，在大门西南侧的水边种植了一棵桂花树。岩石和桂花树不仅能避免直视，还可减弱门前的强风。大门一开间，双坡顶，采用了木结构外包砖的形式（图右上）。门板立在屋脊处，屋架前面一步，后面两步，南侧山墙并没有靠齐陡坎处的院墙，而是再次向山上移动。这样一方面可营造安全感，另一方面也是为了阻挡视线。由于门洞开在门屋中部，它和后面主房的山面入口是错位的，可进一步确保外人不能看到主房内部。这两排建筑中，此门最为显著，成为整个区域抬起的龙头（图右下）。

　　大门之后就是辅房和南侧的前院（图左）。辅房也是二层。它的
西面和主房斜交，东面和大门隔窄巷相邻，北面为了和凹入的地形契
合，檐口与屋脊不平行，故产生不规则的五边形平面。建筑三间，不
设贯通的内天井，上下层平面一致。在次间楼板处开洞口架活梯上下
（图右上）。由于建筑为两户服务，故设两门。在南檐墙中间设门对着
前院，在东山墙一角设门对着院门。由于没有内天井，故一层要在前
檐开大窗。二层为了晾晒，也设通长窗。这个长窗偏于东部，避开了
主房投下的阴影。主房平面为矩形，顺应等高线摆放，长边前面与水

塘平行，后面与坡地一致，土方量最小。出于争取面积、保温隔热的考虑，主房也不用内天井，而是采用三下三上的满铺格局。一层平面三间，中间是厅，两侧是房间。房间与前檐墙之间是通道。在通道的东山墙上开门对外，于南墙明间上设高窗为厅堂采光。高窗两侧再设漏窗，漏窗高度与高窗接近，以便光线穿过通道直入房间南窗（图右下）。因通道对这束光线具有散射作用，故厅堂照度得到进一步补充。

## 辅房和主房

图左　鸟瞰
图右上　活梯
图右下　漏窗

　　主房一层明间为敞开的厅堂，前面对着高窗。站在厅堂向外看，次间的漏窗也能进入眼帘（图左上）。由于窗户都很高，因此在室内只能看到室外的天空，安宁感十足。厅的侧面为木板墙，后部为太师壁（图左下）。太师壁两边设门。由西门可以通过楼梯上到二楼（图右上）。二楼比一楼后退一个前廊的距离，进深略小。在浮梁一般民居中，主房二层看上去比较简陋，却是十分重要的。它的第一个任务是为下面的主要居住空间营造保温隔热层。第二个作用则是为全屋提供机动空间。人少时，这里常常空置或用来储存农具、农产品等。人多时，会将次间用来住人。无论哪种情况，都要将明间作为起居室或晾晒空间（图右下）。为了保证各项功能的发挥，在主房前檐下设通长采光洞，以便将木杆伸出去托住大匾进行晾晒。

## 主房二层

图左上　底层厅
图左下　太师壁
图右上　楼梯
图右下　二楼明间

# 二道门细节

图右 立面

　　因辅房和主房相交成锐角，主房山墙上的门无法正对前院，故通行别扭。为了避免于此，在主房山墙与辅房前檐墙之间，再砌筑一片墙，作为二道门的门墙（图右）。要使得这个门墙有背景烘托，就要将主房山面的挑檐结构改成封火墙。砌筑的门墙略低于封火墙，位于封火墙的范围之内，高度比院门要高。门墙的上部压顶采用叠涩加菱角牙的做法。下部设一开间门洞。压顶和门洞之间距离很大，这里再做一个小雨篷。雨篷用叠涩和拔砖构成。下面遮蔽着门匾。从前院看过去，这个门只有一开间，却有着三重屋顶，十分气派。前院比较狭窄，其实是一条通道。人们来往势必贴着外缘。为了安全起见，砌筑近一人高的院墙。人行其中，看不到外部景色。起初觉得不解。外面风景那么好，为什么把院墙砌高以至于遮挡视线呢？走到外部的天池，才觉得这里面的奥妙。原来前院很窄，人们来往必然贴着院墙。如果院墙低矮，户内活动就被外人一眼看尽。只有将此做高，才能对家居生活有所屏蔽，乃至给外人较公共的视觉感受。有人可能要问，下面一座房屋的门前不是也有一条开敞的道路吗？这里遮蔽是不是没有必要？其实，下面那条路和这个前院是不同的。前者依然在户外，是公共道路，后者却在户内，是私密空间。私密空间是不宜出现在公共视野中的。

1 祠堂
2 大门

　　楚岗拥有自己的祠堂。祠堂的形制是有规定的,其面阔可以三至五间不等,但进深一般要有仪门、祭堂及寝堂这三落两进。楚岗是陡坡上的村落,故祠堂的规划设计具有难度。目前,祠堂位于天池上游的坡地中。建筑坐东北,朝西南,纵切等高线(图上左)。房屋的中轴线经过天池直指进村道路,并终止于南山西峰。这条虚线呵护簸箕形盆地的内里,抵御山下上来的"路煞",是祖先庇佑子孙的重要举措。建筑依旧由仪门、祭堂、寝堂这三者组成。由于它们跨越等高线太多,前方已经逼近陡坎,于是在仪门前檐只做便门,而在建筑东部另设大门,并允许此门游离于建筑之外寻找优良的位向。大门于是沿着经过

# 祠堂

图上左 鸟瞰
图上中 对景
图上右 大门
图下 结构

第一进的弧形等高线向东南进发，直至得到优美的朝向而止。此朝向就是南山中峰。由于大门朝向与后方路径不对位，因此，只有站在大门后檐中，前方的对景才会出现。故大门要做得较高，方可容下南山中峰（图上中）。为了扩大气势，大门采用穿斗木结构外包封火墙的形制（图上右）。建筑虽然面阔不大，但依旧分成三开间。屋面前坡三桁，后坡四桁，大门立在脊柱下方（图下）。前檐的檐柱落地，立面上形成明显的三开间，可增强明间入口威仪。由于大门后开，为了便于通行，取消了后檐立柱，而是用一根硕大的横梁承受屋顶重量。

1 仪门
2 大门
3 厨房
4 厢廊门洞

# 祠堂大门

图左　扭动的入口
图右　厢廊门洞

　　为了保护大门的视廊，将门前山坡整修成一个平行于等高线的纵向广场，并于广场东南侧下接从天池上来的台阶。由于大门脱离了原有建筑，从此门进去，需要经过一个侧天井，穿过厢廊门洞，再向北转身才能到达祭堂及寝堂（图左、图右）。原来的仪门也就转化为下堂，并不作为出入口使用。为了营造祭祀的氛围，在大门到厢廊二道门的这个狭窄空间的两边砌筑了封闭的墙体。墙体西南侧的凹形空间打乱了南侧街巷的边界，于是在这里填入厨房，为举办大事服务。由于这个空地的平面是一个五边形，故将要填入的房屋分成西、东两座，以便逐次嵌入。西边的房屋参照原有仪门的样式，做成屋顶稍低的二层楼。其双坡顶从仪门山墙伸出，前檐与仪门平行，后檐到大门而止。东边一座房屋则在剩余用地中做成一个向外的单坡檐。它只有一层，以便衬托门楼的高大。

　　从大门到二道门的通道是封闭的、曲折的，但指向性非常明显
（图左上）。从二道门来到祠堂的第一进天井中，空间为之一变。院落
由仪门、祭堂、两侧厢廊组成。四面屋顶等高，并没有明显的方向性，
它较好地承接了从巷子而来的人流（图左下）。由于屋顶高，天井四边
设深檐沟，中间的巨石状地面因得到凸显而具有仪式性。人们来到这
里向北转身就可以看到祭堂（图右上）。祭堂并非一个通高的空间，而
是一个上层封闭的二层楼，这与传统做法大为不同。仔细看去，二层
的前檐下有一个大型月梁。这根月梁受到了下面封板的支撑，未能显
示其抗弯力度。由此可以推测，房屋似以通高为宜。这里做成二层，
很可能是缺少大料而无法做出通高的抬梁式空间，故用二层穿斗式结

## 祠堂流线

图左上 通道
图左下 天井
图右上 祭堂
图右下 寝堂

构救急。为了侧向稳定，穿斗结构常在柱子中部设置连系枋木，如此便诱导二层楼面及其前后檐墙的产生。建筑的二层封板之后，结构刚度加大，所以明间的太师壁就可以取消了，来人在天井中便可以穿越祭堂而看到第三落的寝堂（图右下）。在一般做法中，寝堂是二层楼，底层靠着后檐墙摆放着祖宗的牌位，上楼的楼梯则是封闭的，气氛相当肃穆。但在这里，寝堂更像是一个活动大厅，在太师壁后部还安放上楼的楼梯。

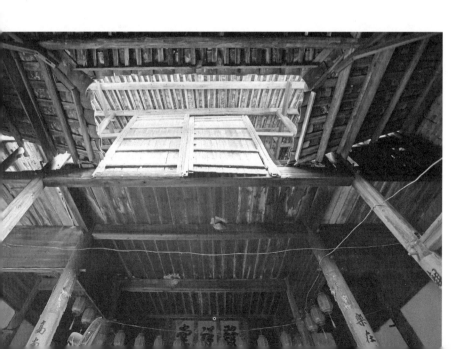

　　如果站在天井中向仪门看去。仪门的空间也非常高大（图左）。之所以如此，是因为这里要为将来搭戏台做准备。如果要做戏台，那么后台的采光就很重要，故在前檐墙上用花砖砌筑很多孔洞（图右上）。

# 祠堂仪门

图左 仪门内部
图右上 仪门立面
图右下 景框

这些孔洞对减小高大仪门所带来的风阻是有利的。由于有了这些孔洞，人们一走进祠堂，就能听见风的"呼呼"声。孔洞的形态安排也别有心思。它如同墙上的一个多宝阁景框，正好框住了远处南山朦胧的西峰（图右下）。

# 桃岭

摘要

位于浮梁鹅湖镇山区的桃岭村地处朝北打开的簸箕形盆地。村落坐西朝东，由逃难于此的李氏先祖建造。人们利用村前的泉眼溢流做成大小水池，并在簸箕形开口营造风水林。近期原址重建的李氏宗祠位于村落中心，居高临下，前对泉眼，朝向案山主峰。房屋前后三落两进，内部穿斗木结构，外包青砖封火墙。拓宽仪门的明间舞台以利于表演；高举祭堂的前檐大梁以利于张势；均布寝堂的整体木构以利于抬升受光。门口石构件是宗祠旧物，刻在抱鼓石上的四只神兽形象生动，寓意深远。

关键词

桃岭，李氏宗祠，抱鼓石，石雕，泉眼

N

2

5

3

1

4

1　东山
2　西山
3　宗祠
4　泉眼
5　风水林

# 地势

图左　航拍

　　桃岭位于昌江支流夏田溪的西源上游，坐落在朝北的簸箕形盆地中（图左）。其中东部大山浑圆高耸，山势雄壮；西部大山南北条状，山势低缓。两山在南部逐渐靠拢，并以一条山岗相连，形成和南面东河的分水岭；它们在北部逐渐打开，形成地势越来越低的喇叭形。浑厚的大山在北坡养育了一个泉眼，提供了人们定居的基本条件。唐代即有马、丁、胡三姓在此建村。南宋初年，界田李氏来到此地并成为望族。他们为了纪念自己是逃难至此，故以桃代逃，称此地桃岭。其先民截取山谷的最上游作为村落的住宅用地，而将其下游作为农田。两者分界处即村落的水口。在水口上游的坡地中，人们将房屋放在泉眼之上，而将村落的晒场、猪牛圈等放在泉眼之下。这种布局使得居住区环境好、生产区平地多。村落聚集在盆地的西侧山坡上，面朝东部的案山，符合了当地的地势。如果村落安坐在南侧的分水岭上，虽然可以取得开阔的明堂，但若建筑坐高望低，势必朝向北部，导致日照不好。如果建筑位于东部大山面朝西方，朝向虽有日照，但地势较陡，则会造成交通困难。故选择西坡实属最佳。为了防止北部山下的大风直接吹到村子里，以堆土的方式在水口筑成一条东西向的土垄，并在其两侧种植大树构筑水口林。所用之土依靠在上游修建水池、平整坡地而来，因为只有将山坡挖低至泉眼处并做好储水池后才便于用水，只有将土地整理成一个稍微向北降落的地面，才能引导水的自流，满足生产区的需要。

## 泉眼及溢流

图左　泉眼及方池
图中　泉眼的井栏
图右　大方池的鱼

　　邻近分水岭的村落缺少小溪过境。取水是必须要解决的问题。桃岭的分水岭北坡有一个终年喷涌的泉眼。村民将这个泉眼淘成一个圆井作为取水地，并利用其溢流在东部下游做了一个小方池，再利用小方池的溢流在北部下游做了一个大方池（图左）。圆井是饮用水水源地，人们直接用木桶舀水挑回家。为了方便取水，水井直径1.0米，深1.8米。外部地面与井水的水位高差很小，只有30厘米。人们砌筑10厘

米高的井圈防止杂物落水，并为舀水提供安全。为了便于借力，在井圈上面做了两个凸起24厘米的耳朵（图中）。人们一手抵住耳朵，一手舀水。小方池在井的东侧下游。长6.5米，宽4.0米，深1.0米。池内四壁在水下砌宽台阶。一来可以承托不慎落水的人们，方便自救；二来可以让人们下到水里洗菜淘米，免受弯腰之苦。另外，在儿童戏水时，还可以之为凳。大方池在两者北部，水池长19.5米，宽7.8米，深1.6米，仅在其东、北两内壁做了台阶。这个池较深，主要用来养鱼、清洗不洁之物。清澈的溢流从井口而出，从其东部跌落0.5米进入小池的西南角，然后再由其北沿中点排出。这条流线的进、出水口间距不长，且是切角流线，流水并没有充分搅动水体，靠近进水口的水体比较清洁，便于分区使用。小池中的流水跌落0.6米从大池的东南角进入，最后再由大池的西北角排出。这条流线是一条对角线，进、出水口的距离最大，可以充分搅拌水体，便于养殖水产（图右）。村落的地面流水从西南角进入晒坪，然后沿南侧边缘而下，最后在水池东部由晒坪中部向北流出水口。水道将猪牛圈隔离在东部，使其污水不能进入井内和小池。猪牛圈的污水并非一无是处，它可以进入大池喂鱼，也可以排出水口肥田。在外部田中，相距水口不远处，另有一个防备干旱的储水水塘。

　　桃岭庄台用地小、坡度大。人们或将房屋落址在砌筑的平台上（图上左），在前方与大门错位处设大台阶下到宅前广场而居高临下；或挖掉土坡做成比前方稍高的平地，使得建筑二层与后部台地平齐以便交通。房屋比较俭省，很多内天井住宅取消贯通的明间厅堂，做成了三上三下的布局。一层明间的大门为了避免"犯冲"、寻求吉祥，或设照壁遮挡，或稍作扭转。因为门头窗位居二楼楼板以下，高度很低，故将其宽度做得很大利于采光换气。但是宽度加大后对结构不好，于是将之分成三个小窗（图下左）。在二层，一般会在次间开大窗洞方便晾晒。有时常将二楼的檐下全部打通开窗，放入更多阳光。内部木结构与外部砖墙依靠木拉牵连接（图上右）。桃岭李氏宗祠位于村落中

心（图下右），建筑坐西朝东，处于马蹄形的后靠之内，中轴线穿越前方泉眼，正对东部案山主峰，取势良好。房屋三落两进，采用内部穿斗木结构、外包青砖墙的形式。第一进的仪门是房屋式样。建筑三间，前檐不设门廊，直接以檐口墙对外，明间设门，两侧次间设窗，左右立封火墙，其墙角挑檐远远向前突出，减轻了立面的笨重。由于仪门体量高大，故在外立面增加壁柱。大门边有一副对联解释了祠堂的选址特点。对联是："桃塘水暖观鱼化，岭背峰高听鹿鸣"。其中"桃塘"指门前的泉眼及水池；"观鱼化"指早晨的泉水雾气蒸腾，池中的小鱼仿佛要化龙而去，比喻文风昌盛；"岭背"为房屋后的背山；"鹿鸣"引自"呦呦鹿鸣，食野之苹"，意在自得的生活，鹿也隐喻禄，暗示官运亨通。

# 当地民居

图上左　当地民居
图上右　木拉牵
图下左　窗户
图下右　宗祠鸟瞰

　　仪门内部设戏台（图左上）。舞台高度较矮，它从后方抵住了大门。故大门难以开启，只是礼仪性标志。进入祠堂的门开在侧面。戏台三开间，明间特别宽大，以利于演出。这个空间虽然也是通高的，但左右两榀屋架之间有连系的大枋木，使得视线有所阻碍。次间高二层，目前虽然并未有楼板，在二层处架设更多的穿梁以便加大刚度来

# 祠堂内部

图左上 仪门和祭堂
图左下 从舞台看祭堂
图右 寝堂

稳定明间的结构。舞台前方正对的是祭堂（图左下）。祭堂又名敦六堂，也是三开间，结构与仪门类似。虽然最为显眼的前檐明间大梁被提到二层檐下，看起来大堂仿佛通高一般，但内部大梁依旧在二层高度，因为这样更有力量。后部寝堂的结构与祭堂类似（图右），它的空间更为高峻，以便接受从祭堂屋顶而来的光线。因为没有特殊的空间要求，梁枋分布比较均衡。

　　建筑内部穿斗结构为后来复建，构件细巧有余，但浑厚不够。祠堂大门口石构却是原物（图左）。其位置虽然稍有出入，但依然能显露出原有祠堂的宏大精美。目前，门前设三级台阶，两侧为高大厚重的门墩，门墩与台阶间耸立着青石做成的抱鼓石。石鼓被下面的鼓架托举着向前突出，似要夹持来人而去。鼓架侧面雕刻张嘴的鳌鱼。鳌鱼在海中翻腾，激起的朵朵浪花托举着上面的石鼓，使之如一轮红日从天边上升。鼓架下面是须弥座式的底座。底座由整石做成，下部雕刻卷草如意的托泥，上部为打洼的喷边，中间则是高大的束腰。束腰是雕刻的重点。正面开海棠花形窗洞。北侧正面雕"刘海戏金蟾"寓财、运（图中），南侧正面雕"铁拐李化蛇为兔"寓福、寿（图右）。刘海、铁拐李都是民间喜闻乐见的道家人物，因村落始祖与道家创立者老子同姓李，故采用这些题材暗示自己的身份。在这些雕刻的侧面则是四只神兽。

# 祠堂入口

图左　抱鼓石
图中　北侧浮雕
图右　南侧浮雕

神兽是狮子、大象、狻（tān）和麒麟。前两者有祈福的作用，后两者有警示的效果。它们的布局、姿态，既要分开内外，又要彼此协调。工匠采取了区别对待的做法，给狮子和大象搭配了常用的绣球和宝瓶，而任由狻和麒麟独来独往。由于狮子和大象有了常用的法器，它们的雕刻更加丰富具体，故位于抱鼓石内部，供人们细看。而狻和麒麟只是"孤家寡人"，形态比较鲜明，故放在尺度比较大的外侧，供来客远观（图上）。神兽的姿态则以后背在上、前身在下为好，符合被人俯视的角度。那么如何安排每只神兽的具体姿态呢？这就要从有法器的动物开始。这些动物应该对来人表现出欢迎的姿态。因此神兽的身子在后部，而头部在前部，并且还要向中轴线偏转才好。此时，还要兼顾到它们的法器。这些法器宜在神兽的视线之中，并为人所易见。

如果神兽能表现出一种急于"献宝"的样子就更好。故将绣球和宝瓶安放在神兽头部的下方。对位于外侧的神兽，祠堂的安排别有深意。它在南侧安排了麒麟，北侧安排了犼。麒麟，仁者供奉得仁，恶者供奉得恶，是爱憎分明的神兽。犼，是一种贪得无厌的神兽，最后想吞太阳而被火烧死。它们身姿与内侧雕像类似，也是后部在后，前部在前。头部并非仰视人们，而是直接看着来人，严肃甚至有点狰狞。图像均为独立浮雕，周边没有充满构图之物，形象鲜明，为别处少见。

## 入口台阶

图上 正面

须弥座内侧浮雕

图左　狮子浮雕
图右　大象浮雕

　　北部狮子绣球图的主体从画面左上角延伸到右下角（图左）。狮子横空出世，双足并拢前探，扭头看着绣球。绣球虽然未被扑到，但上面的彩带已经被狮子牢牢按住。受到振动的彩带在狮子身边向上飘去，右边打了两个卷，左边打了一个卷，甚至部分飘出画框。正因为如此，狮子便张口吐舌，露出得意状。狮子的头顶上有一个"王"字。这是将老虎的标记戴到了它的头上。狮子的脸部是大块的深浮雕，表现出生动的五官，身体上却是密布的浅刻条纹，雕刻出毛茸茸的质感。这些纹路衬托出狮子头部，勾勒出四肢和躯干的关系。一道从头部沿着脊背延伸到尾部的鬣发也使得整个狮子的骨架更加清晰。大尾巴在末端向右侧一甩，毛发全部散开，和扭动的头部相平衡。南部大象采取了从右上角延伸到左下角然后再回头看的布局（图右）。其姿态与狮子

对称，烘托了中间的轴线。大象，普贤菩萨的坐骑，是孔武有力、庄严智慧的象征。"象"谐音"祥""相"，象征吉祥如意。此象头戴珞带，项配三个铃铛，正在扭头看着来人。象鼻水平前伸，并在端部卷曲成如意形，向人招呼的同时，似又指着地上的宝瓶，整体构图的寓意为太平有象。瓶敞口小颈，丰肩收腹，底足位于一个座子上。瓶身中间开窗，内部刻画一个寿字。一般来说，大象是背着宝瓶的。此时宝瓶被放置于地，是献瑞的举动，和狮子绣球的图案对应。工匠以压地隐起的手法显示大象的粗壮体块；以大山般的粗犷线条来表现皮肤的皱褶；用水系一样的细小纹路来描绘耳朵上的血脉。这些做法暗藏了山山水水俱为太平的构思。象尾放大的端部用平行须纹刻画，似倒垂的文笔，它与象鼻近在咫尺，有照应、回环之妙。

　　北部神兽龙头、鳞身、牛蹄、狮尾，疑是上古神兽"獏"（图左）。其形象曾以浮雕的方式出现在一些县衙的照壁上。此神兽不仅喜欢吞噬飞禽走兽、奇珍异宝，而且贪得无厌，最后妄想吞噬太阳而亡。它位于狮子须弥座的另一面，构图的也是斜角式，即从左上角延伸到右下角，与狮子形成首尾相连、循环往复之态。它告诫后人，人生既要追求事事如意，也要防止贪心不足。獏身体横陈，四足撑地，尾巴上翘，头部正视来人，以闭嘴、锁眉的模样，表现其复杂的心理活动。其面部表情块垒隆起，身体却布满鳞片，为了区分两者，将头颈处密刻细线的须发向四周发散。上翘的尾巴也用细线密排成蓬松状，与这里的鬃毛呼应。这些神兽是古代先人根据自己的喜好截取走兽飞禽的各部分组合创造出来的。它是约定成俗的产物，各有所指，形态在大

# 须弥座外侧浮雕

图左 狻浮雕
图右 麒麟浮雕

致统一的前提下有所变化，并会随着历史的发展而不同。南部神兽的
形态就难以明断（图右），很可能是麒麟。证据是肉角、牛蹄、狮尾。
目前一般认为麒麟是有鳞片的，而且是独角。其实，在宋代，据《尔
雅疏·释麟》中的描述，麒麟是麋身牛尾，狼额马蹄。而在明代之
后，麒麟就演变为双角了。因此，这只神兽可能是当时人们心中的麒
麟。麒麟表示平安吉祥，有招财、添丁的美好寓意。麒麟还有一个特
点，即恶人供奉它会带来惩处，仁者供奉它会带来好运，故又有镇宅
辟邪的作用。这只神兽的构图为竖向的一字形。身体微微向左侧拱起，
与反面的大象形成首尾相连的关系。其头部居于画面正中，微微逆时
针倾侧，两眼张开成竖向的椭圆形，配合上挑的柳叶眉、弧形的嘴巴，
便显出可爱的神态。为了与这种表情呼应，蓬松的尾部上下摇摆。

# 英溪

**摘要**

    浮梁金氏的重要祖居地英溪位于大山中的一个口朝西北的葫芦状盆地。北溪汇上游之水从"葫芦嘴"喷薄而出。英溪紧接于"葫芦嘴"之前，以大英山为北面靠背，隔着溪流正对南面群山，关锁窄小，明堂开阔。村落分别在上下游设联珠合璧桥、七星桥以利交通、收财源，并于溪流中筑坝抬水，赋予具有水文作用的印墩石、鸡冠石等以加官进爵、吉庆有余的象征。进村主路沿溪北而行，房屋和坊门在路北密集成排。民居多由主房加辅房组成，主房采取具有吊顶的内天井式，辅房常采用一层单坡檐。坊门则有门墙式及门屋式两类。前者在砖墙的立面上用砖石隐出四柱三间的牌坊样式，后者则在工字形平面的墙体中嵌入三开间木结构房屋。经坊门可通向后部的祠堂及两侧的支路。其中青云得路坊背靠北山主峰、正对南方案山，形成村落的中轴，国学师府的大门则朝向东方来水，守护村落的开口。

**关键词**

英溪，浮梁，牌坊，民居，乡土建筑

# 区位

图左 卫星图

1 东盆地
2 西盆地
3 大英山
4 南山
5 北溪
6 东溪
7 南溪
8 英溪
9 七星桥
10 联珠合璧桥

6

从浮梁北部的峙滩于昌江英溪口向东南逆流英溪10千米即可到英溪古村（图左）。古村被大山围成一东一西、一大一小两个盆地。此地很早就有人居住。唐代，英溪金氏从安徽辗转而来。起初结庐在英溪下游西南3里的高坑一带，后来迁移到盆地上游的东南边缘郑坑，直到元末明初，金氏才开始定居在英溪盆地之内。其先祖选址在西盆地的溪北。这里下扼羊肠峡谷，上接广阔平原，是"守财聚气"之良地。基址北部的大英山由三座大山组成，中间一座退后，边上两座山向前，三山之间形成两条向上的山坳，将溪北围成一个元宝形的坡地。溪南的大山则向这个小盆地衍生出三个小山脉，它们排成微微的凹形，为村落留出了开敞的明堂。英溪先人在西北下游的峡谷建拱桥作为村落的水口，并在东南上游的南溪与东溪交汇处造双桥勾连交通。经过多年的经营，形成了闻名遐迩的英溪八景。立于村前，可以看到周边五座山峰簇拥而来，故称之"五狮入畈"，富含"五世同堂"的美好寓意。

1 滚水坝
2 印墩石
3 英溪祠堂旧址
4 水口晒场
5 御赐俸禄坊
6 村史馆
7 青云得路坊
8 金三顺宅
9 启后堂
10 鸡冠石
11 国学师府
12 金成旺宅
13 条屋

　　村落紧接在溪流北侧，建筑便坐北朝南，临水而居，留出沿河主街（图上）。主街以大小不同的矩形石板错缝铺设，伴溪而行，向上游直奔北溪源头，成为通达徽饶古道的八景之一"英岭横空"，向下游则来到水口晒场，经过坐西北朝东南的英溪祠堂而到拱桥。沿路房屋左右毗邻，每隔三五座便留出一个巷口。于此立一字形或八字形坊门。坊门后为鱼骨状道路，横向连以小巷，纵向至终点的祠堂。坊门前置埠头临水，架小桥通向对岸。由于建筑都是顺应主山布局，故有些纵

向小巷垂直于等高线延伸，共同指向山体主峰。主峰两侧各有一条小溪，它们从溪谷中蜿蜒而下，打破了这种放射性格局，给村落带来活泼灵气。

## 总体布局

图上 航拍

　　拱桥建于明隆庆年间（1567～1572年）。此桥选址于村落下游峡谷中。因桥与北侧大英山及南侧三峰合体成北斗之状，故称"七星桥"。其斗柄东指盆地，似要将春意送来。桥址远距村落约200米。这里的两山逼近呈"丁"字形。其南山巍然屹立，崖壁引导激流而去；其北山进逼到水边，余脉正指向南山。桥梁便踞于北山之脊，搭建在南山北侧。因两岸可借力，中流多巨石，故采用石拱的形式（图上左）。桥拱一跨过溪，拱径10米，高6米。全桥长15米，宽5米[1]。为了增加压重，桥上曾建梅亭，可远眺村内山上的梅树。南部桥头则设小庙一座

# 七星桥

图上左 桥东立面
图上右 桥西立面
图下左 小庙
图下中 忠烈庙
图下右 金达墓

（图下左），用来遮挡山坡落石，供奉保平安的神仙。北部桥头地形较缓，故建祭祀当地先人的忠烈庙以壮山形（图下中）。忠烈庙后则是本村贤达金达的坟墓（图下右）。金达，号星桥，明代英溪探花。他生前于此建桥，死后于此护庙，渐成为乡梓之神。桥之两侧为风水林，包含"樟槐楮檬桂、杉杜柿枫松"这十种大树，寓意为十全十美。古树的根系紧抓着岸基，枝叶掩映着水口。从村外而来，只见七星桥上的绿荫夹持中，一座秀丽的山峰在赫然挺立（图上右），八景中的"樟槐合围""星桥逐步"和"桂峰独秀"在此组成一幅连续的画面。

　　七星桥两头均有建筑夹持（图上）。人们从外跨桥进村需经过两个转折，进出流线有所缓滞。从南进村，需要登上小庙前方的六个台阶才能上桥，向北到村，一条上坡的道路直指忠烈庙，另一条向下的斜坡才是进村的小路（图下）。在这条小路边另有一条岔路可到金达墓。三座建筑在来人面前次第打开。它们都采取了建筑附加庭院、广场的形式，且前者是矩形，而后者是八字形。这种形式是顺应环境的结果。因为建在山脊上的房屋，其侧面墙体要纵切等高线才好。由于这些建筑的尺度较小，做成便于使用的矩形平面不至于过多违背等高线的要求。而前方的庭院、广场尺度较大，如果将平面做成矩形，侧面的墙体就会斜切等高线而失稳，因此，将这些墙体扭动角度，使之纵切等高线能更加安全。这样的话，庭院和广场就变成了向前打开的八字形。

这种形态对于屏蔽主房两边杂物、接纳人流也是有利的。对于没有内部空间的坟墓来说，它的处理更加因形就势，封土上部的场地则被做成圆拱形以便抵御山体的塌方。

## 七星桥及两头建筑

图上　鸟瞰
图下　村内景观

　　一般村落在拱桥下游造滚水坝，以求蓄积比较平静的水势来保护大桥。七星桥的坝址却在上游。因为桥址距离村落较远，如果在桥址下游建坝并将水位提高到方便村民使用，坝体非高不可。而在桥上游的水位收窄处，水中正好有天然的石岛，建坝于此可以借力。在目前建成的直线型重力坝中，还可以看到裸露的岩石。另外，七星桥的拱跨比较高大，水流的涨落对提高桥跨的安全效果有限。故在桥的上游做坝蓄水更为实用。抬升的水位淹没了上游河床中的大多数石块，仅在中部留出一块略高于水面的巨石（图左），此石下部连着河床。露出水面的部分如同印纽上的神兽，正对着上游吞水。人称印墩石。在正对石块的坝顶开泄水口，可利用这里稍缓的水速。日夜不停的水流从石块两边经过，构成水养玉印的运势，这就是八景中的"印墩截流"。来客经过印墩石后，就可看见宽阔的田野以及四面围合的地势，桥上所见尖山就在眼前。行走到中游，还能发现河道中另一个半圆形石片（图右上）。因其形如鸡冠，人称鸡冠石。冠谐音"官"，正好和下游的印墩石构成了"加官进爵"的象征。鸡谐音"吉"，石块形如罄，这些又和河里的鱼构成了"吉庆有余"的暗示。更为奇特的是，石块表面还有数道横向肌理，一眼望去，便可知水位高低。这就是八景中的"鸡冠砥柱"。在北溪上游还有两块高出水面的大青石，构成八景的另一处——"公母二石"。东溪和南溪的交汇点正好接近东部盆地的中心。

# 联珠合璧桥

图左　印墩石
图右上　鸡冠石
图右下　桥拱

这里的溪流将盆地分成大小接近的三块。如果跨越这些河流的桥梁分开建设，各地间的交通必然会有绕远的地方。只有将它们建在一处，才最省路。如果进一步造在一起，还可以共用桥台，减少工料。况且，两座桥在平面上形成相互支撑的折角形，也耐得住上游水流的冲击。清嘉庆十七年间（1812年）此桥建成（图右下）。桥为八字形，由拼成直角的南桥、东桥组成。每座桥的结构都是石拱形，即先用石块砌筑拱券，然后在拱券两侧砌券面，最后于券面中填砂石、筑石面。为了利于交通，不挡下游风水，桥上不建桥屋，为平桥样式。南桥的桥匾朝北，上面刻"联珠"。东桥的桥匾朝西，上面刻"合璧"。"联珠"与"合璧"是经常合用的两个词，以它们作为桥名，除了表示联体的意思外，还有一种更为广阔的含义。联珠者，指金木水火土五星汇聚；合璧者，指日月同辉。联珠加合璧，正好是七曜，这就与下游的七星桥遥相对应。"联珠合璧"遂成八景之一。

1 主房
2 辅房
3 辅房

　　英溪的房屋大致有三种类型。一种是天井式，历史早、占地大、形制高；第二类是内天井式，历史晚、占地小、形制低；第三种是直筒屋，最为简易。金三顺宅是一座天井式民居（图左）。建筑位于溪流北岸偏东部，坐落在东部支谷中间。其地呈南宽北窄的梯形，东侧高，西侧低，后面并无明显靠山。一条小溪从其西侧注入英溪。在这些因素约束下，房屋坐北朝南，采用主房加辅房的制度。主房位于西侧偏低处，辅房位于东侧偏高处。这种布局欲使大体量主房能够抵住小体量辅房，阻止其下滑西移。因用地西侧的斜边难为追求空间严整的主房所用，故在此处再做一个辅房，使得整个建筑形成中间主房、两侧辅房的格局。主房采用前后天井的形式。四面封火墙。前天井封火墙下凹，为的是放入阳光。后天井封火墙与侧墙平齐，借以阻挡北风、反射南面光线。东侧辅房采用向东坡的三合天井式样，因房屋南北向过于狭长，故将中部开间的坡屋顶直接坡到前方院墙上，形成南北双天井。此举虽说减弱采光，但却取得拔风效果，更为辅房中的厨房、储存等功能所需。这座辅房四面封火墙，其西墙借用主房墙体，南北两面顺引主房墙体而围之，东侧封火墙则迅速跌落，以便两天井接受更多日照。西侧辅房用地是长条状，且进深较短，故做成附接的单坡檐，建筑一层，单坡向西，不做封火墙。因房屋主体在东，且英溪东来，故主房大门放在前檐墙东侧（图右）。

## 金三顺宅

图左 鸟瞰
图右 大门

建筑位于村庄中部，坐北朝南，居高临下。因用地很小，房屋仅有一座天井式主房（图上左），未带辅房。主房一层的明间是厅，次间是房间。次间前方是厢房。厢房进深较浅，退后于次间，使得后者能够借取天井采光。厢房面阔一间，且和正房间未做走道，人们可由天井直接进入厢房，致使天井的公共性和厢房的私密性相干扰。在此情况下，厢房多变为开敞的厢廊。主房、厢廊的二层楼板并未出挑，以便一层采光。厢廊的二层檐口高于院墙且与正房二层檐口平齐，为的是能够得到天井外的光线和气流。由于这些檐口高于院墙，且天井很短，入内的大风会吹翻檐口瓦片。为此，在正房二层前檐枋木的短柱及厢廊前檐角柱上同时向天井伸出斜撑，支撑上面的穿及挑檐桁，以便做平轩封护檐下。在天井前檐墙处，两座厢廊未做结构拉结。开在此墙中部的木门全靠上方压顶防雨。压顶由砖叠涩承接木椽平挑而成，与婺源一带做法类似。直上直下的天井没有形成穹隆形，采光有利却

不便遮雨，故以石板砌筑天井地面（图上右），并沿天井三边做深明沟承接屋顶泄水。明沟中有石质隔板。板下设孔，顶部略低于地面。举办大事时，在隔板上铺板盖住明沟就能使得厅、井合并成大空间。木门后处因经常停留，故设一块耐磨的整石，作为整个空间中的礼仪之地。建筑内部木结构外包砖墙（图下左）。木结构由正房和厢廊组合而成。正房、厢廊都采用通柱的穿斗式，且用材很小。这么细的柱子能通高两层且不失稳，与其结构、构造有很大关系。主房三间四榀，每榀均由木穿串起柱子形成。为了提高高度来增强刚度，使用叠合穿。各屋架间，在前后檐口也用叠合枋连系。但明间却是例外，其前檐口不能出现很高的叠合枋，以免遮挡光线，影响美观，故将这道叠合枋移到中后部的太师壁。厢廊和正房间也以叠合枋串起，形成一个牢固的整体。此外，梁枋间板壁均采用装配式（图下中），即以穿带拼好窄板后装入木框形成大板，再通过上下左右数片插销将之固定于梁枋、抱柱和地梁，形成隔墙。大板的嵌入更加稳定了结构体系。它的一面是光洁平整的，另一面是有穿带的，前者可以面朝比较重要的空间。此外，在砌筑外部砖墙时还会预埋一个个木楔（图下右）。以竹钉将之钉于相邻木柱，能实现支撑结构和围护结构的连接。人们有时会拆除结构间的装板，或是为了空间更大，或是为了通风更好。

## 村史馆

图上左 天井
图上右 地面
图下左 结构
图下中 板壁
图下右 木楔

1 启后堂

　　建筑位于沿溪路北，坐北朝南。房屋内天井形制，二层三开间，双坡挑檐顶，人字封火墙，风格糅杂（图上左）。前檐立面明间设门，青石门榜，青砖门墙。门上开门头窗，填花砖，做漏窗。门两侧设高侧窗，高度比门头窗略矮，依旧是花砖漏窗（图上中）。这三个窗户都比较高，可为内部公共空间采光通风。从平面上来看，内部公共空间由大厅和前廊组成，形如平放的"凸"字形。门头窗的光线穿越前廊直接射到厅堂的太师壁。高侧窗的光线一部分散射在前廊乃至大厅中，另一部分由次间的漏窗进入其中。从剖面上来看，靠近檐墙处的前廊空间最高，上面做吊顶。前廊和大厅间的关口梁位置降落，关口梁内

## 启后堂

图上左　屋顶
图上中　立面
图上右　漏窗
图下　光线的通路

侧的另一道大梁梁底更低，由此顺应了光线的斜向射入（图下）。太师壁耳门上部的漏窗最为暗淡，在此描金最为醒目（图上右）。外檐次间中一、二层均开设小窗直接对内部房间服务。其中一层窗户比高侧窗矮，设防护窗栏。二层窗户比高侧窗高，仅为洞口。这八个门窗在前檐立面均匀分布，既满足功能所需，也消除了强度突变的地方。主房后檐并没有以一个单坡结束，而是在两侧次间伸出厢房。厢房单坡，与中间的坡顶形成一个狭窄的天井。因此，这座建筑严格说来应该是前内天井、后露天天井的形制。房屋的西北角切成了一个斜边，这是为了方便通行。

　　金成旺宅位于村东北岸，坐西北，朝东南。房屋平面矩形，由前部主房和后部辅房组成。主房三间，内天井双坡顶。辅房接在主房后檐，单坡檐。在主房前檐明间开大门（图左），门洞上架青石过梁，周边砌水磨青砖，外缘勾海棠线脚。此门上部附砖砌仿木门罩，即以上下枋木及吊柱共同支撑起平板枋，然后出叠涩、挑二层丁砖支撑挑檐檐口。檐口由上方屋檐顺延，一是为了方便施工，二是给门罩增加高度，以便在上下枋木间安排门头窗。这里原来是嵌入门匾的地方，替之为窗，颇有新意。门头窗以砖雕做成间隔的十字纹和八棱花，为后方的内天井采光换气（图右上）。大门两边另有高侧窗为内天井服务。次间的檐墙上，一层只开小孔，二层则开硕大的窗洞。这是要利用二楼进行晾晒之故。在建筑的山墙面主房处是封火墙，辅房处是单坡顶。

封火墙到了主房前檐墙处转向中部砌筑到次间屋顶上，形成了结构更加稳固的直角形（图右下）。如此也在正立面造成假象，让人以为这是一个较高等级的两侧单坡顶厢房的三合天井建筑。前檐墙上的封火墙是砌筑在瓦垄上的。瓦沟的雨水从二层大窗洞前下落，室内观之如挂珠帘。在这个矩形的立面上，实墙集中在两侧墙根，而门窗洞集中在倒三角的中部区域，墙体刚度从下到上逐渐变小，也是十分合理的。

## 金成旺宅

图左 立面
图右上 内部
图右下 屋顶

# 条屋

图左 鸟瞰
图右 立面

　　建筑位于东山南麓，坐西北、朝东南。因用地长条形，故采用条屋的形式（图左）。建筑门口设五级踏步，使得后檐室内也在地表以上，免遭潮气（图右）。房屋一间二层，两片山墙承担楼板与屋顶。墙体以青砖空斗砌筑，底层为四二墙，二层变薄，为二四墙。两层墙体外皮平齐，在交界的内侧留出墙顶搁置楼板梁，既节省材料，又符合应力。建筑前檐墙后退，形成一楼入口空间的同时，也得到二楼的阳台。一层的檐墙中设门，门上有亮子，可以为很深的内部采光。门两侧设窄窗，进一步补充采光通风。二楼只设中间一门以保护私密。阳台栏杆做法轻巧空透。先设两根通长的横料，一根压在地板上，另一根作为扶手。然后在两者间嵌入有拉杆的竖梃，形成简化的"寿"字。由于一、二层的门窗洞都不大，故檐墙具有极大刚度，可防建筑左右失稳。山墙在前檐出挑卧梁，支撑檐口桁条。桁条上铺椽子、盖望板、覆瓦片。由于这里荷载较沉，檐口线已经向下凹曲。

　　明成化七年（1471年），当地举人徐谨为了旌表金安及金达的功名在村中建造青云得路坊（图左）。牌坊在元宝山中轴线的主峰下，正对前面的一座山峰。建筑砖石造，下筑须弥座式台基，上砌四柱三间三楼。牌坊的面阔略大于高度，且在明间底部仅设一口，故在不大的巷子里显得庄严厚重、气势逼人。明间两柱间，置上、下枋。在下枋与明间的方形洞口中砌筑砖墙，设连楹，开门洞，放门槛门窝，装两扇木门。门扇打开后正好嵌入明间砖柱内侧，可以避雨。下枋之上，三块坐斗托举着字牌，上书"青云得路"。字牌上方是上枋、平板枋。平板枋之上安排五朵铺作，斗栱处偷心造。最外的栱托举着短机，以之承接檐口桁条，简洁而轻巧。屋面四坡顶，无举折。次间做法类似，面阔为明间一半，高度仅到后者平板枋处。下枋下填充实墙与明间靠牢。此为牌坊朝北的一面。朝南面目前用水泥涂抹（图右）。有人认为这是为了低调谦虚而设计的原状。此说存疑。因为这里的抹面上还有梁枋凸凹起伏的痕迹，且屋顶的斗栱也是可见的。斗栱是高等级的象征，如果要以朴素示人，是不应该出现的。另外，建造牌坊的目的就是用来宣扬族人的功绩，这符合封建伦理，没有隐藏的必要。很可能的情况是，因为正立面过于夺目了，后人便将它泥封以防在动荡的年代遭受破坏。

## 青云得路坊

图左　北面
图右　南面

## 国学师府

图左 鸟瞰
图右 大门后面

　　金达在南京任职翰林编修、国学师后，明廷命鄱阳巡抚在其家乡建造国学师府（图左）。房屋选址在北岸东山向村首延伸的山麓，紧邻两水交汇之下游，扼守在葫芦形腰部。建筑坐北朝南，从山麓向河边纵向排列，但前方大门和后方主房并不对齐。主房中轴线和等高线垂直而直指南方，大门中轴线却是向东部偏转。其原因是，主房体量较大，它不仅要减小土方顺应场地布局，也不宜抛头露面，过于张扬。大门体量较小，它可以稍微逆时针偏转，用来吃住东面来水的"财气"，并在门前形成三角形前庭来消除直视主房的视线。因为大门要和主房前后承接，并不能完全脱离主房的轴线，故将门前三级大踏步向东移动代行"拦财"事宜，下到水面的埠头也比三级踏步更向东放，进一步来"吃"风水。大门坐东北朝西南，由门楼及两侧耳房组成。耳房每边一间，双坡顶。为了凸显形象，隔绝守夜耳房的火源，大门山墙做封火墙，封火墙之间再设门墙，形成稳定的工字形平面。这个偏于刚性的砖结构与柔性的木结构组成大门的最终形态。门楼木结构三开间、两步架。每榀屋架由前檐柱、脊柱、后檐柱及其穿组成。前后结构基本对称，主要区别在于有无明间檐柱。前檐明间省却檐柱，只用吊柱，扩大迎送空间。后檐明间檐柱落地，支撑结构并适当限定到两侧耳房的门廊（图右）。明间脊柱嵌在门墙内，次间边贴也紧靠封火墙，加之屋架的穿贯穿门墙，因此，这些木柱虽然纤细，但因得到砖墙限定而很牢固。有了稳定的结构支撑，加之屋顶较高，所以出挑很大。两侧封火墙也随屋面向前伸展，形象与敦厚朴实的耳房迥然相异。为了扩充气势，避免与封火墙形成兜风的大屋面，在明间前后檐的上枋上再立瓜柱，将屋顶从次间断开升起。此屋顶既可遮蔽下面的门匾，也能在两侧封火墙的飘逸之外，营造一种端庄持重的效果。

　　后方主房的大门采用砖石牌坊的形式，即在高墙上用砖石砌出四
柱三间三楼的牌坊（图左）。由于身处第二进，室内外高差小，故牌坊
不设须弥座，只用四根立柱支撑在一阶高的台基上。柱子为壁柱，设
石柱础。明间较宽，高宽比约在1.5。次间宽为明间的一半，高度略矮
之。两者都在柱间设置上下双枋。明间下枋之下近方形，内部开门洞，
箍石门枋，填充眠砌的磨砖墙。上下枋间嵌入字牌，写"国学师"三
个大字。上枋之上是平板枋，直接承托小瓦压顶。次间的下枋下为填
充墙，外表包砌刻万字白线的菱形磨砖（图右），并以侧面的铁件固定
在墙上。上枋的平板枋上则有铺间、转角两朵斗栱来承托挑檐。因明
间做法的等级不能低于次间，故在明间平板枋上应该还有斗栱及承托
的屋檐。况且，明间屋顶升高后才能拉开与次间的距离从而避免两者

# 国学师府第二进大门

图左 正面
图右 磨砖

屋顶上下叠合的尴尬。另外，次间两边的侧墙似乎也有点高了。它不宜直接接在次间的屋顶，而是要降低至平板枋以下，以便和次间、明间形成一个以中为尊的渐升形象。牌坊的后部原来是金达故居，后来迁移到景德镇古窑民俗博览区明清园内，目前地面遗迹还在。同期迁建的还有水口晒场的金氏宗祠，后来变成了古窑入口处的"风火仙师庙"。由于缺少原生环境的依托，古屋的特点在迁建后大为削弱，原有村落的风貌也势必受损。目前看来，英溪村整体结构尚存，具有发展的潜质，这种做法的必要性值得商讨。

　　御赐俸禄坊门位于村中偏西的北岸，采用与国学师府大门类似的砖墙与木结构混杂的形式（图左）。木结构三间四拼五步，明间高、次间低，立面为山字状。封火墙包砌两山，门墙位于脊桁下，相交为工字形。木结构的柔性与砖墙的刚性结合充分。在明间设洞口，前后各留出三步敞廊，上面做轩。前檐四柱间架有等高的月梁。次间在月梁上架设斗栱与边贴的斗栱及明间檐柱上外撇的斜撑、挑穿一起承担桁条及屋面。之所以设置外撇的斜撑、挑穿，是要使得次间屋面不挡明间的壮丽立面。明间正贴较高，于月梁的柁墩上再立两根瓜柱直至与正贴平齐，然后架斗栱、承桁条，形成中间高、两侧低的屋面。这种屋面除了省材料、壮声威外，还能减小风阻。断开的各段屋面升起做得很大，形成飞腾的气势。在正贴的前檐柱上，不仅有月梁的交接、穿枋的插入，还有斜撑的旁出。为了弱化这些接缝，在此悬挂木

# 御赐俸禄坊

图左 正面
图中 公狮盘球
图右 母狮戏子

雕趴狮作为视觉焦点。英溪村是国学师的故乡，可能因为"师"谐音"狮"，故这里的狮子雕得与众不同。工匠在左边公狮盘球（图中）、右边母狮戏子的基础上（图右），在两狮背上加一小狮，并在公狮的盘球上附带两个小狮、母狮的前方设置三个小狮，合起来有九狮之数。出于肃穆前庭、突出门坊的目的，还将房屋两侧的墙体向前延伸为影壁。

# 梅岭

摘要

　　梅岭村深居在东河上游月牙形盆地尖端的葫芦形山谷，坐北朝南，面临西去的梅岭溪。在山谷与盆地的交会处建造宗祠崇本堂。建筑坐北朝南，两进三落。为了起到封护村尾的作用，一方面在前部增设广场、泮池及照壁以延长形态，凸显起于靠山龙头、直抵案山主峰的中轴线；另一方面在其西侧开塘引水，并于塘西筑土垄、种樟树进行遮蔽。纵列的樟树依靠村西几棵大树的连接而逐次延伸到下水口的清源桥上，形成村落的风水林。在风水林西侧放村门，门反向朝北，对着远处的芭蕉山尖顶。从此山而来的路上，设一座可供休憩的路亭。因宗祠偏于村尾，故于村中另建一座规模较小的崇义堂，举办日常的冠婚丧祭等活动。村中民居三合天井形，内部木结构，外包封火墙。由于平面紧凑，常将正房前檐柱外移为厢房前檐柱，并在两柱间架设大梁支撑挑檐，以求室内轩敞。在村东上游的最远处造观云桥拓展地域。桥为廊桥，下为单拱石构，上为三间桥屋。桥屋偏居于地基较好的北侧以避免不均匀沉降。

关键词

　　梅岭，宗祠，路亭，廊桥，乡土建筑，樟树

1 观云桥
2 清源桥
3 崇本堂
4 水口林
5 崇义堂
6 三合天井
7 梅岭溪

　　梅岭村位于瑶河上游的盆地中。盆地南北长约3千米，东西宽约
1千米，其两头向东伸出，并逐渐变尖，呈月牙形。瑶河从南面尖角而
来，汇合北面尖角中的水流由盆地西北而出。梅岭村位于南部月牙中。
此地原名洞里，后因山上梅花盛开，故称梅岭。梅岭地势类似更小的
葫芦形盆地，瑶河在此称梅岭溪（图左）。梅岭溪上游的葫芦口处，北
岸大山向南面逼近，村民于此架设一座拱桥连通两岸，并于桥上造屋
形成廊桥，以之作为村落的上水口。在下游的葫芦底部，人们建宗祠

# 总体布局

崇本堂，并在其外侧以密密的水口林进行封护。水口林跨越河流处，内部再设拱桥一座。宗祠、水口林和拱桥共同形成村落的下水口。村落在宗祠上游紧贴北岸而造，住宅多坐北朝南、居高临下而成行列式（图右）。在村中的溪流中围堰开圳，引水经住宅、宗祠后沿山腰而走，灌溉下游的大片农田。村落在唐代由张姓开基。元末，朱元璋曾在此驻扎，不少张姓族人应征入伍。明朝创立后，受到封赏的将军衣锦还乡，建造了朝廷特许的宗祠光宗耀祖。

宗祠选址在葫芦形小盆地和月牙形大盆地的交界处（图左），位于大山脚下，坐东北朝西南。它的主要目的，一是凝聚家族之力，二是封闭村落的小环境。建筑安居在山龙之前，犹如寨墙一样向南延伸，力求封堵下游的村尾。但是，祠堂是有一定规制的，即使皇帝允许，也不能超过三落两进的规模。于是在宗祠前方再造广场、泮池、照壁，以求尽可能延长建筑形体。广场可以满足各类礼仪活动，泮池能够消防，而照壁的作用更是非凡。它不仅可以围合门前的空间，肃穆门前的气氛，还能够剪除宗祠前的杂乱景象，只留下起伏的南部大山出现在宗祠大门的视廊中（图右上）。山峰在照壁的檐口上起伏，近在咫尺，如同火势。为了利用其兴旺之意，避免其象形的火情，并使得门前明堂开阔，在广场西部另设独立式村门，村门朝向与祠堂相反，正对盆地北部的芭蕉山（图右下），形成一种倒脱靴的进入流线。

## 宗祠

图左 地势
图右上 照壁
图右下 对景

　　为了进一步预防火灾，蓄积村落的"财源"，在宗祠西面开挖池塘，并用挖出之土堆筑一条土垄（图左）。从前方泮池引水进入池塘，经由池塘西北角穿越土垄而出。干旱时，可在池塘后部架设两部人力水车逐次提水来浇灌祠堂后方的田地。土垄周边以卵石砌成挡墙，上部种植一排樟树。树木与宗祠的高墙隔着水塘，具有很大的生长空间。折断的枝条及飘落的叶子也不会给宗祠带来麻烦。樟树共9棵，目前的树龄在500～1000年。它们的葱郁枝叶淹没了宗祠的大部分，只留下门楼对外，可为之遮蔽西晒。这些树木和南面的树木相连，并且与下游的拱桥接驳，还能遮挡月牙形盆地中凛冽的北风，担当整个村落的封护。宗祠由仪门、祭堂、寝堂组成。仪门五开间，明间采用抬梁式的结构，次间与尽间采用抬梁与穿斗相结合的结构，外部包砌三峰式封火墙（图右）。屋顶前后等坡，为内四界加前后双步的形式。以木板做成的门墙设在前金柱之下，将仪门分前后两部。前后檐廊上均作轩。

# 池塘

前檐尽间砌筑对称的八字形影壁，烘托中间的檐廊。影壁虽说位于仪门檐下，但靠近门廊外侧，经风历雨，故以砖石进行包镶。每边的影壁墙均可分成内外两间，外间起于山墙垛头，平行于檐口，内间呈斜向与外间相接，并止于三间前廊的侧墙。这种做法使得五间之制的建筑，看上去只有三间，却有七间的气势。这在规制比较严格的明代，可以不逾矩。由于前檐广场深远，在此摆放三对旗杆石，进一步限定中间的通道。

　　影壁上下分成顶部、墙身、基座三段（图左）。下段石基座，高大厚实。中段以三根砖壁柱将墙身分成内外两间，柱间下部用砖雕模仿出须弥座。内间的束腰中设立柱，将柱间再分成两间，每间嵌入砖雕栏板。柱端则设上下横枋，并支撑上面的柁墩、叠涩以承托顶部。装饰虽由砖石做成，但采用仿木结构，故能与中间三间保持协调。在细节方面则发挥材料自身的特色。如下部须弥座的栏板做嵌灰线刻砖雕，即在海棠形开窗中雕刻了一只侧狮（图右上）。其做法是在包砖表面施加阴线，然后填入白灰，在不做深雕的前提下就能形象鲜明。另一种雕刻位于下枋上。工匠在万字背景的圆形打底中雕刻一只麒麟（图右下）。麒麟的头部位于圆心，两条前腿趴伏于前，后腿一足支撑在地，

一足高举于背，形成顺时针扭动的姿态。尾巴是难以处理的地方，工匠便将它的末端分为两条，一条向上，一条向下，使之包裹张牙舞爪的身体，充实在圆形的空间内。在柱间的版心则用席纹方砖铺设，简洁大方。

## 影壁

图左 立面
图右上 狮子
图右下 麒麟

门前

图左 抱鼓石
图右 门廊结构

　　宗祠门廊是木结构，明间大门前的一对抱鼓石便很显眼（图左）。
中国民居的大门多由木质的门框和门扇组成，下门框即门槛，需架在
与之垂直的一对门槛石上面，凭之隔绝潮气，得到固定。门槛石的室
内部分还要刻出下门窝，用来托举门轴下端。上门框则利用门簪安装
连楹来做成上门窝，以之套装门轴上端。为了平衡内部木门的重量，
门槛石的外端常放大成墩形。鼓可用来发声，能唤醒家人开门，或招
呼他人聚集，故常于门前摆设。后来鼓逐渐和门槛石上的墩结合而成
抱鼓石，并表现门第的等级。梅岭宗祠的抱鼓石采用汉白玉制作。由
于门廊高大，后部的门扇也很厚重，因此抱鼓石的规模应与之相称。
又因为抱鼓石立于门框前，其厚度也不宜超过后者，故只能做薄而向
高处延伸。此处抱鼓石竟高达2米多。抱鼓石分上下两部分。下部是须
弥座，上部是石鼓。须弥座三段式，下部是开券口的底座，中部是有
线刻的束腰，上部是挑出的顶板。顶板上的石鼓是费心思的地方。石
鼓并没有紧挨着后方的木框，而是腾空而起，向着来人袭来。这种位

置力矩较大，便于和后面的门扇保持平衡。为了表现这种动势，采取了鳌鱼吞日的支架，即在须弥座上雕刻一只张开大嘴的鳌鱼，利用其喷出的云气烘托着石鼓，使之半悬在空中。圆形的石鼓受人长期抚摸，光可鉴人，有驱邪之寓意。门后空间是内四界和后轩廊（图右）。空间高峻。明间、次间打通，尽间则用板壁封闭，这既和前轩廊影壁墙对应，也可以稍微约束下规模，衬托后方天井及祭堂的开阔。因为前后有轩顶，因此内四界的屋顶、前后双步的屋顶都是双层的。由于天井非常大，为了防雨，后檐口采用石柱。石柱难以与木梁枋交接，故在其顶端叠加短木柱。交界处设柱帽，一来遮蔽两者的缝隙，二来方便毁损后置换。柱帽为斗式，开海棠花瓣形，并在朝下四面施木雕以供观瞻。步柱、廊柱的顶部大梁和大枋木均用月梁以增加抗弯能力。在梁、枋和柱子的交接处，并没有施加斗栱，但做了梁托盖缝、限位。月梁上的瓜柱与之交接不易，也设置平盘斗。梁托、平盘斗均施加雕刻。各桁条榫接处的椽下则曾设花板加以扶掖。

　　祭堂五开间，内四界前后双步，两侧封火墙。结构与仪门类似，但规模更宏伟。省略前檐明间廊柱，而将尽间廊柱稍微向中部移动，然后在上面架设一根大型月梁，使得明、次间檐口合二为一，形成一个横向的巨口，有吞吐宇宙的气势（图上）。由于祭堂尽间廊柱向内侧移动，它与两边厢廊的柱子就不对齐，而是偏于内侧，于是在紧靠祭堂的厢廊廊柱上伸出挑枋、支撑瓜柱，然后在瓜柱和祭堂廊柱上架梁枋，结屋面。这个屋面高于厢廊，却插在祭堂的檐口下方。为了遮蔽这个屋面的山尖，并稍微阻挡两侧厢廊屋顶的风雨，在屋面山墙处做出封火墙。由于这个屋面出挑较大，再加上祭堂的台基较高，这里少有雨侵，故祭堂前檐的廊柱可采用木柱。瓜柱下方作狮子形斜撑、大梁下方也作雀替和斜撑，雕刻精美。前檐是一根大梁形成的大跨，中间并没有柱子，台明处的台阶便做得十分宽大，由此在天井中间突起

# 祭堂

图上　前檐大梁
图下　太师壁前

宽大甬道，使得广阔的天井具有隆重前行的气氛。祭堂的内部由后金柱下面的太师壁分成前后两部。前部空间全部打通。明间、次间之间只有两根前金柱（图下）。前后金柱之间叠斗抬梁形成内四界。前双步利用前金柱和大梁之间的月梁支撑。次间和尽间则采用穿斗结构。太师壁后部在次间、尽间的廊柱间设板壁，它们与太师壁之间设侧门。人们需要转折后才能进入后进，并不能一眼看穿。

　　后进的寝堂是摆放祖宗牌位处。房屋立在更高的台基上。建筑前檐高于祭堂后檐，以便放入光线照亮牌位上的名号（图上）。祭堂后廊柱前留有走道且设高石础，故不受雨溅而用木柱。寝堂的台基很高，落在天井中的屋檐滴水难以浸溅到室内，故廊柱也为木柱。这里并不举办大型的公共活动，建筑空间比祭堂要小。明间、次间虽为一体，但明间并没有放大，尽间还由板壁隔成小间。因地势较高，天井较大，按说西晒是比较严重的。但是，由于有西侧大樟树的遮挡，这里的空

# 寝堂

间依旧荫凉。在宗祠内部，柱子下面垫着方形的石块。石块顶面与地面平齐，托举着束腰状或南瓜状的柱础（图下左、图下中）。在柱础和木柱之间，垫放着木櫍。木櫍并非如同砧板一样的竖纹圆形截面，而是横纹的圆形原木片，这样才能较好地阻止水汽上升，保持柱底干燥。为了进一步加强柱底通风，还在柱底四面镂出券口（图下右）。如果木櫍与柱间有少许缝隙，则插入废铁锅的铁片垫平。

## 清源桥和路亭

图上 桥孔对景
图中 路亭外观
图下 路亭结构

　　崇本堂西边的樟树经由南面几棵樟树的连接，形成一条跨河的风
水林将村落下游围合。风水林中的溪流即下水口清源桥所在。桥址处
在西来的梅岭溪转向西北的下游，也位于北面靠山的西侧边缘线上。
桥单孔石构，东北到西南走向，南接山体，北临庄台。拱为半圆形，
从上游往下游看，只见一座圆锥形山峰出现在桥孔框景中（图上）。南
桥台砌在水中岩石上，北桥台筑在河床的地基上。为了保护后者的基
础，在其雁翅上游以巨石围合一个台地，上植樟树固土。村门向北至
芭蕉山的路西有路亭。亭朝路开敞，砖柱木构架，双坡悬山顶，两间
三榀六柱（图中）。因四面空透，支撑的砖柱必须粗短来提高稳定性，
故其边长为50厘米。每榀屋架底部设一根横梁跨在前后两柱上，梁上
再设五根瓜柱，分别支撑脊桁与其他桁（图下）。桁条为单根的圆形。
檐桁直接搁置在大梁两端。为了加以固定，梁表开槽。由于前后檐需
出挑避雨，檐桁承担较大负荷，故设拼帮的叠合桁。所有桁条在山墙
处均出挑。山墙、后檐的柱墩间设美人靠。美人靠由背板、座板分别
插入柱间构成，两板均很厚，可稳固柱子。靠背板偏于柱子外侧，座
板紧贴柱子内侧，由此形成曲尺形，方便坐憩。美人靠在山墙、后檐

的做法一致，但前者较高，后者较低。其交错设置，可避免它们在砖柱中抵触，并提供不等高的座椅。在后檐桁条下方，柱间加设一道大穿枋。山墙因美人靠较高，靠背板接近柱子中部，拉结作用大，故省略。前檐为了进出大型农具也不设此枋。

1 崇义堂
2 靠山
3 案山

N

崇义堂

村落中部另有一座祠堂叫作崇义堂。建筑位于北部靠山的东南角，坐西北，朝东南，隔溪流正对案山的东部主峰（图上左）。房屋也是两进三落的形式，由仪门、祭堂、寝堂组成。如果说崇本堂起到了守护下水口的作用，那么崇义堂就有着主心骨的功能，它位居村落的南北中轴线上，向西以横亘南北的宗祠为界；向东以北来的支流为凭。为了节约土地，并表示对崇本堂的尊敬，这座祠堂的规模较小，只有三开间。仪门的做法与崇本堂一致，也在两边檐口下加设影壁墙，造成五开间的气势（图上右）。由于立面面阔小，空间显得高峻，影壁墙上还做了重檐的屋顶。前进天井比较狭窄，仪门和厢廊的廊柱没有采用石柱。在祭堂的檐口，原本的廊柱取消了，檐口的大梁直接架设在两边厢廊的廊柱上，这一点和崇本堂类似，只是大梁跨度稍逊之（图下

左）。但是，这座祠堂的寝堂檐口依旧采用在厢廊廊柱上架梁的做法，比崇本堂的寝堂更加高敞（图下右）。崇义堂的地位是不如崇本堂的，它们的作用有区别。只有考取大学本科，或者是举办80岁及以上的大寿，才能在崇本堂中办酒。一般的冠婚丧祭只能在崇义堂进行。而后者位居村落中心，也是合适频繁举办这种活动的。

　　建筑位于村落中部，坐北朝南，直面瑶河。为了抵御洪水上涨，房屋位于三级台阶之上（图左）。由于沿河的面阔宝贵，因此将建筑主房和辅房前后纵向布置，主房在前，辅房在后。主房三合天井式（图中）。正房二层三间，明间是厅，两侧是房间。在太师壁后侧放置到二楼的楼梯。正房前面是厢房，两者间有走道。可由此进入次间和厢房。厢房也是两层。正房的厅虽说是公共活动空间，但它只有一层，且处于阴影中，因此装饰的重点不在其中，而在天井下方。厢房吊柱间的枋木、正房厅的柱间大梁都采用了满雕（图右）。在正房前檐口，即两边厢房的吊柱间，架设了一根硕大的月梁。这个月梁有两个作用。第一，它具有连系正房和厢房结构的作用。正房前檐柱、厢房角柱是同一根柱。这根大梁既是正房前檐柱间的大梁，也是两边厢房角柱的吊柱间的连系梁。第二，它还是正房前檐口的承重梁。因为在这道月梁上还架设了两根小梁用于承托挑檐口的桁条。辅房为接在正房后檐口的单坡顶，内部设灶台。辅房和主房间由后檐墙隔离，因此防火无碍。

# 三合天井宅

图左 建筑立面
图中 鸟瞰
图右 天井

房屋外立面面阔不大，两边山墙作二次跌落，小巧精致。门上的挑檐
向上移到凹形墙的压顶处，并与之合二为一，为下面的门洞争取了很
大的匾额空间。

# 观云桥选址

图上 从东部鸟瞰

　　观云桥建于清代，坐落在村落东南角（图上）。此地距村有一里多，服务性并不强，选址较为罕见。其原因是，从大的形态上看，这里位于葫芦形山谷的口部，是村落范围向上游推进的最大地域。将廊桥建造于此，可以尽可能地从心理和地势上为村落谋求最大发展空间。从具体位置来看，这里东北部的大山恰好伸出一条支脉，逼近西南部的另一条丘陵。此处建桥，地势最好。南面这条丘陵西侧，另有一条

小山谷，内部发育着一条小溪。它正好在廊桥下游汇入高岭溪。桥选于此，能将多数支流笼络在自己下游，与别处无水利之争。而且，这里的河床坡度大，两岸陡岩壁立，河中怪石嶙峋，在此建桥，便于利用岩石作为桥基，选取卵石作为材料。另外，梅岭溪过了葫芦口后沿着北部山体而流，沿途除了山地和少量田地外，几乎没有人家，故交通量有限。出于以上的考虑，村民便选择在此建桥。

　　因两岸高耸，且石材较多，故采用石拱桥桥形，一跨过溪（图左）。桥拱接近半圆形，矢高大，易泄洪。由于东北侧接着山体，故桥面只是稍微起拱。而西南面接着台地，标高较低，因此设置较多踏步。踏步下到桥台，再沿溪流降落而连到道路上，能够抵住桥台。桥台上游种植大树一棵，用于加固桥基，阻挡流水侵蚀。为了增加压重，提供坐憩，桥上建桥屋。桥屋的原型脱胎于路亭，采用砖柱承担木屋架的形式。不同的是，砖柱外侧包砌墙体，形成小挑檐的构造，并将两头山墙升出屋面，做成三峰跌落，然后在墙中开券洞通行（图右）。这种形式加大了建筑重量，使得下面的桥拱更加紧固。桥屋并没有占满整个桥宽，而是退居在中部，两侧各留有一段距离。这是因为，三开间的桥屋并不空透，故要在山墙处砌筑短墙扶持桥屋，抵御强风。这种做法也将三峰式的山墙扩建成五间的形式，更加庄重。桥屋退后桥边的距离，上游较小，而下游较大。这是为了在下游砌筑更长的墙体，以便抵住上游洪水的冲击。从桥跨来看，桥屋也没有与桥拱对位，而是偏居东北侧。其原因有以下两点：第一，此桥桥台北高南低，北部桥面只需坡降一点就可与桥台相平，南面桥面却要设置几个台阶才能下到桥台，如果将桥屋居中建造，南侧的台阶就会进入桥屋而不便使用，故将建筑北移，让出踏步。第二，北侧拱脚的下部是突出水面的巨大岩石，远比南侧拱脚的基础高大厚实，桥屋偏向前者，使之受力更多，可避免桥梁的不均匀沉降。

## 观云桥形态

图左 桥形
图右 北立面

# 观云桥桥屋

图上 向北看结构

　　砌筑在墙体内部的砖墩转变为一个个壁柱，将桥屋侧墙分成一个个小龛（图上）。龛中对外开小窗。壁柱脚部垫放石柱础在桥拱上找平。柱间则预埋整块木板作为坐凳。由于桥面微微凸起，故坐凳并不平齐，而是随之跌落。如此使得两边木板与壁柱的交叉点上下错位，既避免打断砖墩，又能互相拉结。除了山墙面直接采用墙桁结构，中部每跨都采用二穿三瓜四界五桁的形式。下部的一穿搁置在壁柱顶部，并用砖柱包砌。二穿穿起两根小瓜柱，在中部支撑脊瓜柱。这三根瓜

柱分别承接脊桁、金桁。檐桁直接搁在墙墩顶部。桁条上面是椽子。椽子为圆形小料，两两并置形成一组，组与组之间设底瓦，然后在上面盖盖瓦。设置双椽可以利用细小的材料。它还可以加大底瓦的间距，使得瓦沟变宽，利于在落叶纷飞的环境中排水。此桥接近高山峡谷，横跨于充满岩石的溪流之上。人行其中，或可见远处山涧乱云飞渡，或可见左右水面雾气升腾，故名观云桥。

# 绕南

摘要

地处东河上游的绕南村位于上弦月形的盆地。村落背靠南部指状大山，隔着西流的瑶河面朝北部团山。多进天井式的民居组成间门制沿河发展，并逐渐向山上延伸。由于当地林木茂盛、水力丰沛、瓷石蕴藏量大，故自唐到明一直生产瓷器。村西祠堂位居盆地中央，坐南朝北。它以贯穿南北二山的轴线形成居住区和农耕、工坊区的分界。目前村中尚有两座制作釉果的工坊。它们均由水碓房和沉淀房组成。前者包括棚架和水车。后者则是砖柱与木构形成的大空间。为了给沉淀房中的水池让出空间，外围砖柱间设置存放不子的搁架，并将屋子做成利于遮风避雨的歇山顶。

关键词

绕南，工坊，乡土建筑，水碓，分形

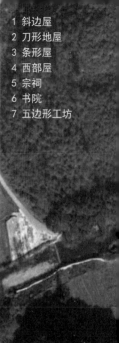

N

# 地势

图左　航拍
图右　布局

　　绕南村又名白石塔村，位于瑶里上游3.5千米的谷地中（图左）。笔架形的南部大山张开双臂拥抱团状的北部山脉，将这里围成一个长约1.5千米、宽约300米月牙状盆地。瑶河从东南角而来，经过一个几字形转弯绕过盆地尖角进入谷地。溪流在谷地中贴着北侧山体流行1千米，然后直奔南山的西南山麓，经过另一个几个字形转弯绕过盆地的另一个尖角，出水口向西南而去。上下游两个几字形大弯减缓了进出口的水势，增加了水位落差，为人们生活、生产用水提供了方便。在上水口附近，另有不少溪流汇入，形成一个地势较高的冲积台地。在下水口附近，也有不少支流来此，冲积成另一个平原。两个小平原烘托着中间的大盆地，使得绕南村土肥地美，十分合适人类生息。早在汉代就有人来此耕作繁衍。由于当地盛产瓷石，加之树木繁茂、溪流纵横，在汉唐之间，村人开始采矿烧窑（图右）。唐末，詹氏族人迁入，并逐

渐成为绕南大族。目前整个村落均为詹氏所占。他们在上水口处，利用较高的地势做成茶园；在下水口处，利用较低的地势种植水稻；在月牙形的盆地中，则将村落选址于南岸上游而将制瓷工坊安排在下游。目前，村中保存较好的民居有斜边屋、刀形地屋、条形屋、西部屋以及詹氏宗祠等。其中詹氏宗祠位于村西末尾，坐东南朝西北，背靠笔架山，面对团山。它的出现明确地将月牙形盆地分成上游的居住区及下游的水田、工坊区。之所以如此，是因为制瓷对水质要求比较高，如果工坊和居民混杂，对取水不利。另外，生产过程也会产生噪声、污水，将工坊放在上游或与民居混杂，会妨碍生活。为了表明两者地界，故用村中最大的宗祠建筑进行分隔。而将宗祠居于村落下水，也利于守住村落的"财气"。

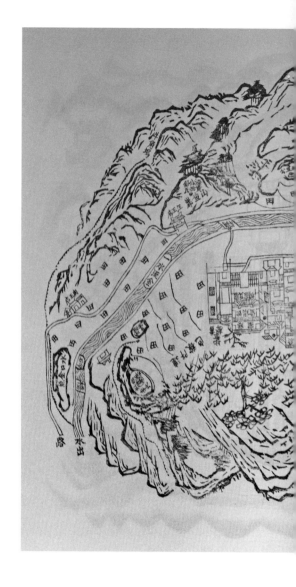

## 景观

图上 绕南八景图

　　村落曾有八景之说。从詹氏宗谱中的"绕南八景全图"[1]（图上）可以看出：村东的一条大河汇合村中木瓜坞水经过上、下水口后向西南蜿蜒出村，形成八景中的"一水流金"。在上水口、下水口分别利用抵水的山石做成"天心玉兔""水口金鱼"二景作为屏障，并于此架桥

形成关锁。溪南村落的上游设置"梅雪争妍""比屋书声"二景，对应溪北大山上的"竹风清暑""四山环翠"，下游则设"连阡稼色"一景，呼应"一水流金"。在"比屋书声"上游的宗祠前另设小桥一座，作为主要的礼仪流线。

## 斜边屋

图上 行列式村间
图下 斜向联排布局

宗祠的位置颇为得体。北面的团山向西南方向的瑶河伸出了一条支脉，南面的笔架山中也向北延伸了一条土垄。祠堂正好位于这条土垄之前，垂直于北面的河道，面对团山支脉。建筑将两者遥遥连接，在月牙形的盆地中形成了一道隔离。在此上游则是村落所在。经过长期的发展，村中形成了上门路、中门路、下门路等多条村间（图上）。这些村间垂直于河道生长，逐步向南山升高成行列式。在靠近东部月牙的山麓，建筑表现出斜向的联排布局，使得村落的边界与山水走势并行无缺（图下）。

1　闾门
2　主房
3　辅房
4　大门
5　小门
6　紫薇

　　建筑位于中门路，坐南朝北，东部隔开一条巷子与东边大屋并列（图左）。巷子为簸箕形，前面小，后面大，可"聚财"。在巷口设置闾门，门外种两棵紫薇（图中）。建筑不设大门朝河岸，需通过闾门往来。房屋南北长，东西短，用地不规则形，东、北为两条直角边，西、南两边连在一起也近似直角形，但这个直角稍微逆时针旋转了，它与上个直角相交，使得整体用地呈现刀刃形。房屋占满整个用地，由主房、辅房组成。其中主房占据整个场地的最大矩形，做成了二层三落三进。它将西南面的不规则用地分成了西块、南块两块用地。辅房则利用西侧的不规则用地而成，为一层。南块用地的南斜边并不好用。工匠在这里并没有把它处理成辅房，而是融合进主房之中。主房虽说三

落三进，但它由两部分组成。前部是前后天井的形制，后部是三合天井形制，中间依靠防火墙隔离。南面的那块不规则用地，在建筑中就变成三合天井中正房的一部分。为了给正房前侧的厅井以庄严肃穆的规整空间，这部分不规则用房隐藏在后坡。大门设在第一进右侧（图右），进去是天井。小门开在第三落正房的东南部，门外有过街雨篷。

## 刀形地屋

图左 屋顶
图中 紫薇
图右 巷子

条状屋

图左 鸟瞰
图右 天井

  建筑位于溪流南岸（图左）。在刀形地屋的西端。用地长条状，但南面宽，北面窄，略呈梯形。房屋也由主房、辅房组成。主房占据西侧矩形场地，辅房占据东侧三角地。主房中，由于建筑直接面对河岸，并没有间巷过渡，因此在前方增设前院，正好利用其矩形场地。院门放在院子东北角，朝北开，便于获得上水"财气"。由于院门在角部，故主房的两落两进用房就在正中间开门，既可避免院门处外人的直视，也能取得庄重感。第一进天井采用了四合形，下堂前檐墙后侧立柱架枋，将左右厢房的结构相连（图右）。立柱及上面的斜撑支撑起下

堂的屋面，由此和厢房、上堂形成交圈的方式。之所以要在下堂做屋面，是因为房屋朝北，如果前檐口墙低了，不利于遮挡北风。另一点则是，这里的下堂高了，可以反射从南而来的光线，为厅井取得照度。为了充分利用墙面的反光处，在此写一个福字。檐口下方是一圈走道，中间做一个天井。天井为深天井，可以承接檐口落雨，缓滞从前后天井而来的水体，防止其满溢。在门后的走道处砌筑了一个等高的月台，供开门闭户时稍作停留。这个月台颇有仪式性，人们进门之后，可在此整顿衣冠，然后由前方的小桥进入大厅。

　　天井后方的正房是三间两层。明间是厅，次间是卧室。厅是上下两层贯通的空间，采用内四界、前廊轩、后双步的剖面形式（图上左）。两侧的柱子是通柱，以小料叠合的一穿、二穿串起。由于厅面阔稍大，左右两榀屋架主要由一根位于太师壁的叠合大枋固定。所有柱子顶部也用桁条及随桁枋固定，提高其刚度和承载力。在檐口的步柱处，架设一个大的月梁。檐口廊柱则向两侧移动，成为厢房的角柱。这种做法避免遮挡檐口的人流、光线，且能加强厢房、正房的整体刚度。为了给厢房的二楼赢得空间，并适当减小廊柱之间的间距，在厢房角柱即正房檐口廊柱的二楼出挑吊柱，然后在吊柱间插入另一根大的月梁。正房前檐的这两根月梁也成为屋面的结构。即先在步柱月梁上架设两根短柱，支撑上面的桁条，然后在此短柱上设两根挑梁，架设在廊柱月梁的两个坐斗上后继续向檐口出挑，最后于挑梁上立瓜柱，

做出轩廊。在大门处抬头看去，这两根月梁，在大跨度的厅井中，显得孔武有力，是真正的结构需要（图上右）。第二进都是二层，且天井稍短。在天井的四围檐口中，厢房和中堂相平，而后堂较高，这种做法利于改善目前天井的采光通风条件（图下左）。天井的地面也不设月台，只是一个陷落的地面，虽然不如前进气派，但利于使用。后堂明间是敞口厅，在其太师壁后安装住宅的唯一楼梯。为了便于交通，在二楼全楼采用跑马廊结构（图下中）。跑马廊在房间和外部砖墙之间，不仅为房间增添一层空气过渡层，也使得各房间能够面临天井采光通风。内部木结构贴着外墙设置，柱子与砖墙间以木拉牵相连（图下右）。建筑虽然只有两进，但面阔比较宽，两边厢房进深大，故采用双坡顶。其中一面坡顶坡向天井，与中堂、下堂形成四水归堂，另一面坡顶坡向外侧，穿越封火墙而将水排到巷子中。

## 第二落和第二进

图上左　明间剖面
图上右　两根月梁
图下左　第二进天井
图下中　跑马廊
图下右　柱与墙

建筑位于村子西部，用地长条形。房屋坐南朝北，采取前后三合天井形，不外设辅房（图左）。建筑大门设在东厢，上部设一字形挑檐，下部砌三级台阶。门偏离中轴后，在天井中部留下一大片白墙用来反光，墙体上部紧接檐下处，写了"福"字（图右）。进门就在厢廊下，可以不受雨淋。在前檐外墙上，依旧采用凹字形立面。凹口东部是一字形封火墙。西部的一字形封火墙外端却变成单坡顶。这种做法是因为建筑西部正好面临十字路口，来往的人看到封火墙的尖角并不舒服。另外，这里处于村落边缘，招风的封火墙变成坡屋顶更为安妥。正立面上，东厢山墙开了大窗。这个窗户朝北，夏天的太阳可以照射进来。西厢山墙虽然只开了小窗。但在西厢的西墙上却开了大窗，以此收纳下午的西晒。建筑内部装饰比较简洁。

# 西部屋

图左 北立面
图右 天井

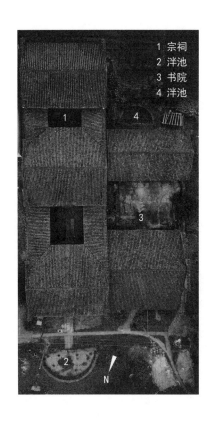

1 宗祠
2 泮池
3 书院
4 泮池

# 宗祠

图左上　鸟瞰
图左下　宗祠立面
图右上　仪门后檐
图右下　寝堂前檐

　　宗祠世集堂是村中最重要的建筑。房屋位于村口，坐东南朝西北（图左上），由仪门、祭堂、寝堂组成。建筑面阔不大，但长约40米（图左下）。为了防火，建筑后方有水圳绕过，前方设泮池。祠堂附开敞式前檐，祭堂、寝堂前的天井中均设高起的石道，仪门后檐、祭堂

及寝堂的前檐则有一根跨越明、次间的大梁，形制隆重（图右上）。因寝堂的大梁尺寸较小，故在其下方增设两根明间檐柱。此柱向两侧偏移，不挡底部的牌位，还和后方的金柱形成一种透视错觉，加大了寝堂的进深感（图右下）。祠堂下游并置一座同向的书院，形成八景之一的"比屋书声"。此屋两落一进。其长度远小于祠堂，在其后檐另开泮池一座，正对祠堂的西侧门。两个泮池一南一北，美化了建筑空间，缩短了消防半径。

装饰

图左上　窗户
图左下　月梁
图右上　卷云
图右中　喜字
图右下　砖雕

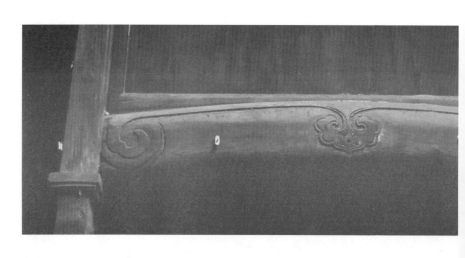

建筑中的装饰适当运用了对比、重复等手法。装饰以木雕为盛。主要集中在天井中。因天井是公共活动之地，厢房是休息之所，故厢房并不对着天井直接开门，而是通过厢房与正房之间的走道来往。厢房的檐墙属于天井的一部分，它必须非常简洁以便烘托大厅的豪华，但厢房又要依靠天井采光通风，上面的窗户便布满木雕以便散射光线、保护内部私密（图左上），如此就和周边的木板墙形成强烈反差。有的木雕还有重复之美，这并非线性罗列，而是具有分形韵味，即在一个较大图案中嵌套一个较小的相似形。如在西部屋的厢房月梁上，梁端的半朵下垂如意卷云在梁中汇集成一朵完整的图案（图左下）。这朵图案的内部还包含一朵更小的如意卷云（图右上）。此类手法在后期的喜字帖中也有出现，即在两个喜字中间再夹着一个小囍字（图右中）。民居中砖雕较少，主要集中在通风窗上，通过对挑砖棱角的修饰美化而完成（图右下）。

# 滚水坝

图左 鸟瞰


绕南村的河道上有不少滚水坝（图左）。滚水坝可以维持一定水位，降低水速，蓄积泥沙，保护河床，在大水来时还可以泄洪。绕南的滚水坝都是用河卵石砌筑的重力坝，即利用自身重力压住河床，通过摩擦力抵抗水流冲击。从大的区域来看，滚水坝首先选在河床较高、水势收束处。如此便易于引水灌溉。其具体落址则要借助更多岩石，做到省料借力。滚水坝的形态一般都是斜向面对水流，避免其正面冲击。斜向水坝的下游一般指向开圳处以便导水。也有的水坝是由两条斜向水坝组成的人字形，这样不仅可以向两边水圳导水，还能将受到的水力传递到两岸，具有了拱形坝体的特征。有时在坝顶开一个槽口，通过插入木板的方式来控制上游水位，坝顶也常常会嵌入石块形成汀步，方便过河。绕南自古以来就盛产瓷石，它们配上茂盛的林木以及丰沛的水体就可以制造瓷器。从唐至明，绕南一带都是瓷器生产的重要场地之一。明末后，虽然瓷器生产逐渐向下游的景德镇转移，但由当地瓷石制成的釉果依然销往景德镇。曾经有"高岭土、瑶里釉"的说法[2]。做釉果的过程是要将瓷石清洗、破碎、舂碓、起碓、淘洗、凝固。在此过程中，既需要水力运输，又需要水力沉淀，更需要水力冲击。因此，工坊的选址与水的关系非常密切。对此，清代朱琰所著《陶说》称："土人籍溪流设轮作碓，舂细淘净，制如土砖，名曰白不"。制作釉果的水体含有不少黄色的沙粒，故将村落下游的溪流唤作"一水流金"。

# 一号工坊

图上左 选址
图上右 工坊
图下 大树

1 沉淀房
2 水碓房
3 滚水坝

N

　　目前村中尚有生产釉果的制不工坊及若干古代窑址。其中一号工坊位于瑶河下游转弯处，另一处五边形工坊位于盆地西南侧。前者地处村落下水口，由水碓房和沉淀房组成（图上左）。建筑正好在河流的几字形转弯末尾。河流从北而来，遇到南面大山阻挡，转向西南而去。水流经过转弯后，行程加长，水位增高，但流速并不大。于是在转弯前造滚水坝抬高水位，稳定水体。水坝为西南到东北走向，与下游河

道平行，却与上游河道呈一个斜角。上游流水受到其引导向西南涌去，于是在西南角开出一条水圳用来冲击水车（图上右）。发大水时，水流可以漫过坝顶，对水车无碍。而且，这里处于流水拐弯的内侧，难以受到洪水的侵扰。为了进一步防御来水冲毁水车，在进水口砌筑石头墩台，并种植数棵大树（图下）。

　　水碓房与水圳垂直，这是安放水碓、粉碎瓷石处（图左上）。水碓由轮子、榔头和石臼坑组成。其中轮子因为形态巨大，且常年被溪水浸泡，故位于建筑山墙外的水圳之上，而榔头和石臼坑为了防止水侵，故位于室内。水车的车轮正好插在水圳的水槽中。车轮的轮叶受到水流的冲击，连着转轴一起旋转，由此带动转轴上的拨片。拨片压向一个个小榔头的尾巴。由于小榔头是架设在一个支点上的杠杆，所以当拨片压下小榔头的尾巴时，小榔头的前方就被高高抬起，当拨片离开小榔头的尾巴时，小榔头就逐次落下，砸向埋在地面的一个个石臼坑。

## 工坊建筑

图左上　南立面
图左下　室内
图右　屋顶

坑里面则放着瓷石。由于榔头是弧形落下的，因此坑里的石头粉末也被逐渐翻动。当要取出粉末时，只要将小榔头挂起来即可。榔头砸向石臼的时候，发出"咚咚"的声响，如同隐隐雷声，很远就能听到。曾有诗云："重重水碓夹江开，未雨殷传数里雷。春得泥稠米更凿，祁船未到镇船回。"瓷石经过粉碎后就被运进沉淀房。沉淀房并非水车房那样的简易木结构，而是采用砖墩承重的大跨度三角形屋架（图左下）。室内包含沉淀池及制造、储存不子的场所。瓷石从沉淀池取出后，被放入模具做成一个个砖块般重约2公斤的小块。这就是不子。这样做的目的，一是利于存放，二是利于计算。不子需要晾干并稍微风化。这时候，建筑设计就做了比较大的创新。工匠将外围砖墩之间的墙体做成搁置物品的架子，利用这里的易流动气流来阴干不子。但是，如果搁置物品的架子太密，也会影响室内采光和通风，故隔板间距要大于不子，不子放入后，刚好占据一半高度。由于搁架四面均设，故屋面四面出挑，形成了歇山顶（图右）。

　　前些年在祠堂的下游复建了一座制不的工坊（图左）。此地河道笔直，并没有转弯的水势可以利用，工匠观察水情，利用水中的岩石砌筑了一道斜向的滚水坝，用以抬高水位。水坝东北到西南走线，斜交于河道，这样就可以将来水引到南岸处。在南岸处开水圳，架水房，设水车，冲击石块，然后在水碓房的南边，做一个沉淀房与之在一条线上。沉淀房的长轴与水碓一致，取得了较为便捷的流线。从建筑上游的田地中再引另一条水圳进入室内，用于沉淀、精制瓷石。沉淀房采用砖柱木屋架的大跨形式，砖柱间设置搁物架子。房屋位于田亩之间，用地不受限制，故采用了接近方形的团聚状，以便缩短内部流线。建筑面阔四间，进深两跨。其平面并非矩形，而是不规则的五边形。东北部的上游稍宽，故在此做了两个面，西南部的下游稍窄，只作一个面。两侧的山面因此并不平行，呈现出朝着上游打开的形状。这种做法，既是当地地形条件使然，也符合工匠的心理预期。因为将房屋对着上游打开，对着下游收束，是有利于"财源"积聚的。建筑周边设砖柱，内部仅有三柱，采用大跨穿斗式。大跨结构势必导致两边山墙很高，于防雨不利，故做成歇山式。中间两间是前后坡的大跨，两边尽间则是坡向侧面的单坡。这里并未采用庑殿顶。虽然庑殿顶防水好，但缺少歇山山尖的采光通风孔。而这些对于沉淀房来说是至关重

# 五边形工坊

图左 选址
图右 屋顶

要的。中间两间屋架的底部大梁横跨在前后檐柱上，承担着11根瓜柱（图右）。其中靠近砖柱的瓜柱因为高度低而以柁墩替代。从脊瓜柱到最边上瓜柱上面的桁条下，都附设随桁枋，分担屋顶重压。这些随桁枋还可加强屋架的侧向稳定。柁墩因为矮小，无法安装随桁枋，故只用一根大梁取代。此法与搁置在砖柱顶部的檐桁一致。在檐口，将搁置在顶部的大梁上表挖成半圆形凹口，檐口桁条于此落座。瓜柱之间均设小穿。其中二穿经过包含脊瓜柱的三根瓜柱，最为关键，故高度最高。由于屋架跨度太大，底部大梁为两料对接，于是在临近接缝处砌筑砖柱支撑。此砖柱偏于上游一侧，将室内分成了一大一小两个空间，便于灵活使用。

尽间边坡的结构由三个三角形屋架形成（图上）。这里没有继续采用穿斗式，而是采用有斜梁的三角形屋架，是因为前者将会使得两个相互垂直的桁条交于一根竖向的瓜柱，施工要求比较高。而将这些桁条架设于一根斜梁上，则要简易许多。在斜梁上的桁条交点上需要再嵌入一根小斜梁。它的顶部与其他桁条顶部平齐，以方便安装椽子。屋檐有起翘（图下）。这是因为，桁条由原木做成，本身是有大小头的。为了尽可能保持原木的强度，加工时仅仅稍微去皮，并未将之削减成通体笔直、首尾等宽的规则料。施工时按照有中朝中的做法，原木的大头总是朝向房屋中部，因此中间桁条开半榫搁置在大梁上，而在转角处，檐口桁条均为整个放置在角梁上，由此产生边角起翘的效果。

# 结构

图上　边坡结构
图下　檐口升起

浮梁一瑶里
2020-7.8 其水位

2020年7月11日

# 瑶里

摘要

瑶里位于昌江支流东河上游的群山中。古镇东邻狮子山，西靠瑶山。一条瑶河呈"S"形从中穿过，形成南北长约1000米、东西宽约300米的冲积盆地。这里地处徽绕古道，且盛产瓷土，故发展为一个农业、商业、制瓷业并举的小镇。由于产业多、用地广，一姓难以独占，此处世居程、吴、刘等多个大姓。古镇因水而生，沿河而筑。水边设亲水埠头，埠头通过台阶上到沿河大路，路边则密集着祠堂和民居，并开设闾门通向两侧支巷。巷中民房随形就势，逐步向山上蔓延。当地建筑均为天井式，面阔多为三间，前后几进不等，内部木结构，外包封火墙。各姓祠堂为了取得较好的景观，或整体轴线有所扭动，或朝向本来就有调整。民居出于私密的考虑，常设置转折的进入流线。多座建筑往往紧凑嵌合，产生彼此协调的关系。因交通发达，人员来往频繁，一些建筑出现西式做法。古镇并无明显的上下水口，只是借用瑶河的转弯形成进出遮蔽。

关键词

瑶里，乡土建筑，祠堂，浮梁，民居

# 总体布局

图左 卫星图

　　瑶里，古称窑里，是浮梁北部很早的瓷业生产地。清末民初因窑业外迁景德镇等地，遂改窑为瑶，称瑶里。这里地处江西和安徽的边境，坐落在祁门、浮梁、婺源、休宁四县交会处。境内属黄山余脉，东北高、西南低，气候湿润、森林密布、河流纵横。山水相连的环境中物产丰饶。这里不仅盛产红豆杉、银杏、杜仲等树种以及猕猴、穿山甲等珍稀动物，还蕴藏着钨矿、瓷土矿、石英石等。其中瓷土矿非但种类丰富，品质也好，最有名的当属附近高岭村的高岭土、绕南村的釉石矿。瑶河是瑶里的母亲河，属昌江东河之源（图左）。其水发源于东北部的皖赣界山五股尖，流经汪湖、梅岭、绕南、内瑶，然后进入瑶里镇区，再经寺前、南泊、东埠，在浮梁县城东部注入昌江。瑶河流经镇区的形态犹如一枚回形针。溪流从东北而来，遇到狮子山的阻挡流向西北，然后调头南下，将狮子山北段围成一个长约1里、宽约半里的半岛。半岛由南面的主脉衍生而来，东南到西北走向，三座并排的山丘形成中间低、两边高的笔架形，海拔在120米左右。半岛西侧的河西地势较为平坦，它的背山是西部的瑶山。瑶山从北向南排列成"一"字。它与狮子山的半岛形成一个向南打开的喇叭形河谷。河谷至于半岛的根部方到最大，然后随着狮子山向西南进逼，行1里后以漏斗形收尾。北部喇叭形与南部漏斗形对合，构成以瑶山为底边的等腰三角形盆地。瑶河从漏斗形盆地的底端西出，北上再南拐流出盆地。

9

8

7

6

5

4

3

2

1

1
2
3
4
5

7 程
8 狮
9 狮

# 核心区

图左 卫星图
图右 民居

　　瑶河经过头尾两个180度的转弯，泥沙容易在两岸淤积，因此形成东部三角形及西部长条形的河滩地。这里土肥地美，非常合适人类栖息。春秋时，吴王夫差的后人曾落脚在瑶里东部10多千米的汪湖。西汉，刘氏迁来瑶里居住，后来，李、曹、姚、何氏相继到此。唐初，程氏在下游2千米的王家坞建村。稍后，詹氏从婺源迁入北部的内瑶。他们耕田采茶、经营窑业。元代，随着高岭土与普通瓷土混合制胎的二元配方法的发明，下游景德镇的瓷业发展迅速，瑶里的瓷土开采和制瓷业也随之壮大起来。由于各项事业的发达，瑶里古镇发展迅速，明清时期在瑶河两岸建造了大量民居，目前尚有不少建筑保存良好（图左）。其中比较有名的有三门屋、进士第、程氏宗祠、狮岗胜览等（图右）。

　　古镇瑶里分居在瑶河东西两岸，夹水而居，以桥相连。大大小小的房屋依靠宽窄不一的街巷形成密集的肌理，与开阔的河面形成强烈反差。在这些街巷中，一类是沿河道路（图上）。这里交通顺畅，采光良好，用水便捷，集中了瑶里的主要祠堂及重要民居。考虑到水位涨落，岸边道路距离水面有一定高差，且保持一定距离。瑶河东侧的民居坐东向西。为了遮蔽西晒，古道和岸边还建有辅房，形成一条凉爽

# 沿河道路

图上 河西道路
图下左 河东埠头
图下中 河西闾门
图下右 板凳桥

的道路。人们下到埠头，需要穿越建筑间的狭窄台阶（图下左）。沿河道路为了适应地形，形成丰富曲折的空间。瑶河西侧的建筑坐西朝东，上午处于日照之下，下午就在阴影之中，因此无须遮阳，故能以庄重立面对外。由于内侧用地西高东低，故建筑排列比较规整，大多是行列式，并在一条条支巷出入口设置闾门作为标识（图下中）。两岸间以板凳桥连系，桥台处种植大树供人们歇脚礼让（图下右）。

　　另一类道路是街坊中的主街（图上左），这是徽饶古道的一部分，商旅于此络绎不绝。为了经营买卖，大多数人家沿街开店，采用前店后住、下店上住的居住形式（图上右）。为了防止火灾蔓延，各户之间设封火墙，并且一直延伸到路边。还有一类是私密性的小巷。它们接在主街两侧，狭窄而曲折（图下左）。巷子口有时会做一些雨篷，形成

本地里坊的标志（图下中）。在这些私密性的巷中还会引一些盲巷直到家门。盲巷的巷口则会砌筑券洞（图下右）。这些巷子的两侧一般是封闭的高墙。闾门、雨篷、券洞的尺度从大到小，形制从高到低，起着完形空间、划分地域的作用。

## 街巷

图上左　鸟瞰
图上右　主街
图下左　小巷
图下中　雨篷
图下右　券洞

N

1 前三合天井
2 后三合天井
3 辅房
4 前院

福字房

图左 航拍

建筑地处南部外瑶的水西。瑶河在这里自东北向西南而流，沿河道路与之同向。建筑位于道路西侧。用地沿街面小，但进深大，且偏于朝南（图左）。建筑采用主房和辅房相组合的形式，辅房放在"下水"，主房放在"上水"。之所以如此，是要利用用地偏于朝南的特性，将两房并联但错位排列，使得辅房前探，而主房后退。由此就能让辅房拦住瑶河"财气"，并给主房造就一个门前空地。在这块空地上，正好做建筑的前院，内设主房门、辅房门以及建筑的大门。主房留出空地后，余下的用地正好使它成为前后三进两落的布局。建筑前后共有三个天井，中间是两落正房。这种布局，堪称是两个前后三合天井的拼连。前三合天井中，正房三开间，中间是厅，两侧是房间。在次间的前后均设厢房。后三合天井的布局与之类似。因前三合天井的等级较高，故正房规模较大，侧墙和前檐墙使用封火墙。而后三合天井等级较低，故正房规模较小，仅在后檐口使用封火墙，且是借用后面邻居建筑所为。这两座三合天井具有明显的、共同的中轴线，开往前院的大门也设在正中。辅房为曲尺形，它不仅在西南面包围了主房的南侧，也在前院中包围了主房的东南角，此举能够增加室内使用面积，并使得前院的尺度变得适宜。

　　主房大门居中，但前院院门并没有与之共线对位，而是向上游偏移再朝东开门（图上左）。这个转折保护了主房私密，也使入口接近来水，可拢住"财气"。在正对主房大门的院墙上，写"福"字作为对景（图上中）。前院邻近溪流，洪水时有出现，故设卵石抬升用地。又因为这里靠近大路，院墙设置也比较高，接近2米多。为了不露财，院门比较简易，只是一个砖砌的圆拱形（图上右）。在圆拱两侧及上方，用白灰抹平作为装饰。白灰之所以没有抹到勒脚，是因为这里易受洪水淹没和雨水侵蚀，无法耐久。门洞由白灰、青砖、卵石构成，底部又垫放了三个条石。它的形态虽然简易，材料却是丰富的。如果贴上红色的对联和匾额，就显得非常喜庆。前天井是一个三合天井，内部厅、井比较小（图下）。为了便于厅和井联合使用，天井不设深沟，只有一

## 前院及天井

图上左　鸟瞰
图上中　福字
图上右　院门
图下　天井空间

道浅沟，用来排泄中间的天雨。四周屋面雨水通过雨水管顺前檐墙而下，直接进入窨井。大门设在天井前檐墙中间，木板门紧贴墙后。为了避免雨水浇淋，上设石头连楹作为遮蔽。厅和井是公共空间，厅两侧的次间以及井两侧的厢房都是私密空间。这两者不宜相融，特别是在一层。于是在厢房和正房之间设走道，从这条走道再开门进入次间及厢房。这样就从流线上进行了区分。另外，次间和厢房是要依靠天井采光的，于是将厅面阔做得比天井略小，使得次间有部分墙体直接对着天井，然后在此开窗。厢房对着天井设置板壁，也在其中上部开窗。这两类窗户都比较高，可避免厅、井中的窥视。有时候，还在窗户外加上雕花栏板。这是一种巧妙的装饰，不仅善意地阻拦了外部视线，还可方便室内的人们向外看。

　　厢房、主房次间的隔墙都是木板壁，可以减小结构厚度，增大室内面积。上面的屋檐就要出挑比较远，于是在厢房的前檐柱上出挑挑枋，然后支撑瓜柱，承托二楼的桁条和屋面。瓜柱之间，架设月梁，承托上面的二楼墙板，并于墙板中部开窗。这里之所以用向上起拱的月梁，一是利用其弧形底面漏下更多的光线给一层的窗户，二是可以发挥拱形的预应力特点，取得较小梁高。为了省材，这个月梁也不是整木做成的，在其向下弯曲的端头，用了小料拼合。由于月梁的看面依然较大，正好用雕刻附着其上，减少它的笨重感。这个看面也是很讲究的。它不是一个竖直面，而是一个斜面，这样既不遮挡斜向进入窗户的光线，也利于人们抬头观看（图左）。瓜柱由挑穿出挑，其下端

# 祖堂的视廊

图左 月梁
图右 象鼻栱

由柱上伸出的象鼻栱承托，可借之消弭下端的断面，遮蔽底层木梁的
榫卯口（图右）。两边厢房的瓜柱间，也用大月梁连系，使得主房、厢
房的结构更加密切。此月梁上，也施加卷草等浅浅的刻画作为雕饰。
从太师壁向前看，当大门咣当一声打开时，门外院墙上的"福"字赫
然在目。巧合的是，院墙的屋脊线正好在门洞框景上方，几乎不可见。
由于门前用地是倾斜的，因此门墙的院墙也是斜的，并不平行于主房，
因此，在门洞的框景中如果出现院墙屋脊的话，必然是斜向的。这个
景观并不舒服。因此，主人将院墙做得比较高，使其屋脊高于门洞的
框景，为祖堂的视廊创造了好的条件。

# 三门屋

图左上 鸟瞰
图左下 大门
图右 三门折线

建筑位于河西，坐落在外瑶西部。房屋由主房和辅房组成（图左上）。主房在南，辅房附接在主房北侧。主房坐西向东，采用前后天井形制。辅房坐北朝南，采用三合天井形制。一条从河岸引出的道路向西接在用地上。因为建筑深陷于村落西部，所以这条道路偏长。屋主认为，路上可能会积聚不少“煞气”，或许对主房中部朝东的大门不利，于是在主房前设前院作为挡箭牌。由于瑶河从北向南而来，建筑“财源”的来向是北方，故在前院外侧下水处再做一个门院，并使得大门位于门院中，朝北对水（图左下）。在门院和前院之间，砌筑一道院墙使得两者空间各自完形，然后于这道院墙之上开一个砖拱（图右）。人们从河岸而来，一下子就能到达房屋之前。但要进入室内，必须经过三个门的转折方能成行，这种做法是出于避免路人直视、迎接水面来风的实用考量。

建筑也位于河西，处在村西边缘（图左上）。房屋坐西朝东，居高临下，坐落在一条东西向巷子的末端。为了避免长巷带来的"犯冲"，屋主将主房放于南侧，而将辅房及小院正对巷子，且用院墙封住（图右）。在主房前再留出一段前院，于北部对北设门（图左下）。由于有了前院，故主房可以在中轴开大门。内部布局前后三合天井。从屋顶上看是四合天井，其实内部门廊是通高的，因此是三合式。

# 拱门屋

图左上 鸟瞰
图左下 前院
图右 巷子

　　正房三开间，明间面阔略小于天井，为的是让两侧次间对着天井，以便开窗采光（图左）。明间前檐设置月梁。厢房在正房前，两者间有走道，由此开门进入厢房和住房的次间，不影响中部空间的公共活动。厢房的二层向天井出挑吊柱。为了结构更加稳固，厢房朝向正房的山面，前后设穿枋与正房连系。在靠近正房的前檐口，用另一根大型月梁将厢房的吊柱相连。而在下堂，则贴着墙壁设两根壁柱，由此设置穿枋将两侧厢房的吊柱相连（图右）。厢房吊柱下方，采用了拱形的枋木连系，较月梁轻巧。其侧面分成几块以便进行雕刻。铺青石地面，在正对天井檐口滴水处，设置凹形浅沟，不碍行走。在浅沟靠近下堂前檐墙的地方，有两个排水洞，上面用窨井盖压住。下堂壁柱顶端架梁于厢房吊柱上，由此做天井檐口下的平轩。

# 拱门屋天井

图左 正房
图右 下堂

1　1号住宅
2　2号住宅
3　3号住宅
4　4号住宅
5　5号住宅
6　瑶河

　　街区位于河西，坐落在村落东北角（图上）。用地条状，东西长，南北短。东部是瑶河，南面是一条巷子，但在东端临河处空开一个三角形的晾晒空间。西部隔着巷子与其他民居毗邻。北部则面对着广场。在这个小街区中，密集了五套住宅。东部1号、2号住宅偏于南侧，西部3号、4号住宅偏于北侧，两者形成一个错动。其原因是，东北部的建筑靠着河流，它们最宜对着流水设置大门。故形成错动后，用地东北角形成的空地可安排建筑的大门。而西南角形成的空地，则再安排一户人家。最东部的房屋位于斜坡之上，在此做门颇有难度，于是建造转角形辅房。辅房为弧形，利于行人。它与2号住宅共同形成一个前院。在前院北部设公共大门，大门稍微扭转，直对远山。而3号住宅采用坐西向东的朝向。主房的前侧有一个厢房，后侧有两个厢房，以此和2号住宅嵌套，留出门前曲折性小院。小院也在东部开门向北，与

1号、2号住宅的大门平齐。在这两座大门之间，再设店铺一座。3号房屋西部的南厢房是单坡顶，北厢房是双坡形，这是因为北部面对广场，排水容易，且北部做低，利于风水前来。在3号楼的西部，另设一座4号楼。此楼也是坐西朝东。三合天井朝向东侧。在它的北面，也接着二层单坡一座，降低对外界的压迫感，并迎接"财气"前来。在用地的西南角，顺势设置5号住宅一座。此屋深陷于巷子里，瑶河的风水于此作用不大，故开门向西，对着巷子。

## 小街区

图上 从北向南看小街区

1 西屋
2 东屋
3 过街雨篷
4 龙抬头
5 天井

　　用地位于瑶河西侧，呈东西条形。西、南两边为直线边，北侧为弧线，弧线中部向北微微突出，到东面收成刀刃形，交于南边（图上左）。建设者将用地分成西、东两块，分别供西屋、东屋使用。西部用地比较规整，设置三合天井带辅房的西屋。三合天井坐北朝南，开门于一条巷子内，其西侧设单坡作为收边，东侧再砌筑一间，作为和东面用地的过渡。东侧用地向东收窄，于是在靠近西部之处做成主房。比较难以处理的是东端的三角形用地。工匠采取了"留白"的手法，即在这里做出一个天井（图上中）。天井的西侧接着主房，东端的三角形建造一个单坡，两者在南侧以走廊相接。这三者围成一个朝向北的院子。院门就开在北侧。由于这个天井特别小，不便在内部做出门屋。于是联

# 尖角屋

图上左　鸟瞰
图上中　东侧用房的天井
图上右　过街雨篷
图下　切角

合邻居建造一个过街雨篷（图上右）。雨篷成为巷子的入口标志，也充当了院门的门屋。东面的屋顶也是不太好做的。工匠在此只用一个单坡顶进行覆盖。这个单坡顶到了东面的尖端处，高度很小，因此将这个尖端在平面上切角，并在接近末端的地方突然砌高院墙，上覆一个小型的双坡顶，仿佛是"龙抬头"（图下）。双坡屋顶东坡的墙体全是实墙，用来抵御东面的"煞气"，西面的檐口全部开敞，为这里采光通风。

瑶里的店铺众多，此例位于河东。建筑用地是南北长条形，南面稍宽，北面稍窄。房屋东西两面沿街。东面是老街（图左上），西面是新街（图左下）。屋主将主房位于南侧较大的用地，紧临老街上的过街雨篷，而将辅房位于北侧较小的用地。主房坐东朝西，三合天井式。

房屋分成前后两部分，朝西的三合天井，在外檐墙正中开大门，是为住宅入口。朝东是店铺，在此开大门，是为经营入口。大门为活动板门式，共有四扇。为了避免老街和住宅的人流横穿店铺，在辅房的北端再设建筑大门（图右）。门采用门屋形，一开间，稍微扭转，对着东北部。门与辅房等高，内部用木结构做成八字形的影壁，如同三开间之多。进门之后，南拐就可以进入辅房。如果直接朝内走，进入院子再南拐，穿越辅房的凉亭后，就可以来到主房的住宅入口。这座店铺的经营入口与建筑大门同居一侧，但它们由辅房隔开，并无冲突。经营入口大而直接，启闭简易，建筑大门高而曲折，以"倒脱靴"的流线进入室内。

## 店铺

图左上 老街
图左下 西立面
图右 建筑大门

程氏宗祠位于河东狮子山西麓，坐落在古镇北部。房屋坐东朝西，居高临下，靠山正好是笔架形的三座丘陵中较小的一座（图右）。将祠堂建造此处，可以凭借自身宏大的形态稍微弥补山势的不足。祠堂由仪门、祭堂和寝堂组成，共有三进三落。因祠堂地处向南打开的扇形谷地的底边，它便有了守护上游的任务。为此，它在向西布局的过程中，中轴线逐步从微微偏南转变为微微偏北，到了河边，祠堂的前檐墙正好面对西面的瑶山主峰。此时两侧的山墙也已经微微朝向上游。若以寝堂的后墙和前院的院墙来算，在60米的间距中，两者间顺时针旋转了18度。从大势来看，祠堂仿佛是从东部狮子山伸出的一条左臂，正好搭向对面的瑶山，以便拢住瑶河的"财气"。轴线的偏转是依靠进、落的变形来实现的，也就是通过将矩形空间变成梯形空间来完成的，故这个任务一般通过次要部分去解决。越是重要的部分越规整，越是次要的房屋越灵活。这个做法，对于几进几落的房屋来说如此，对于单个天井或房屋也是这样。

# 程氏宗祠

图右 祠堂轴线

1 程氏宗祠
2 瑶山

1 仪门
2 祭堂
3 寝堂
4 书院

**寝堂**

图左 祠堂屋顶
图右 寝堂前看

　　祠堂布局在向上游顺时针偏转的过程并非一致的、连续的，而是稍有波折。最后落的寝堂就是逆时针旋转，与前面的进落不同（图左）。推其原因，是前者需要和邻近的后山协调，后者需要和远处的对景协调，两者各侍其主，于是便形成了一条扭动的巨龙。从寝堂来说，建筑不仅要按照后山中轴线来放线，还要和地形等高线平行，故先满足邻近的地形，做了逆时针偏转。这个偏转也并非由整个寝堂来完成，而是有分别的。由于寝堂屋脊前部是主要活动空间，人员活动频繁，故将这里做成矩形；而屋脊后半部摆放牌位和塑像，人们活动较少，故将此部分做成梯形。寝堂逆时针偏移了，前方的院子赶紧做顺时针偏转以便挽回损失。院子也是梯形，南面宽，北面窄，偏移了约3度。从寝堂中向前看，狮子山出现在祭堂的屋顶之上，但主峰并未居中，而是偏于北侧（图右）。

祭堂举行祭祀礼仪，空间最为开阔宏大。建筑采用接近矩形的平面，四面方正，不做任何斜形。它前方的院子却是一个不规则四边形，南面宽，北面窄（图左上）。西边是一条斜边，这里坐落着仪门。此处仪门采用戏台的形式，以便在重要时刻演戏祭祀先人。戏台前檐和祭堂前檐相差10度，这是整个建筑中扭动最大的地方。之所以如此，是因为这是室外空间，扭动后对结构影响最小。同时，这里院子是东西向长条形，将南面开口扩大，可以放入更多的阳光，为戏台取得充分日照。这种做法，也曾出现在安徽泾县云岭、福建永安三百寮等地的戏台中。从祭堂看向戏台，只见戏台微微偏移，有一种欲迎还拒的感

**祭堂前庭院**

图左上 祭堂对景
图左下 院子北侧
图右 穿枋雕刻

觉。在其屋顶之上，狮子山的主峰向内部中轴线进一步靠拢。仪门本身就是戏台。它的建筑空间也是梯形，其后檐口与前檐口相差3度。为了使得表演空间好用、祭堂视廊优美，偏移部分由屋脊前方的空间来完成。这样便导致前檐是倾斜的。由于祠堂立面也是一个十分重要的形象，倾斜的前檐并不符合要求。于是在其前方附设高大门楼立面加以遮蔽。建筑的仪门只有三开间，明间是戏台，两侧是准备用房。庭院两侧的厢廊并没有直接插到仪门下方，而是与之空开一个开间，做较浅的连廊相接（图左下）。之所以如此，是要减小对舞台的压迫感，让人的视线尽可能扩展到舞台两侧。在连廊中，北侧的连廊中设门连着书院。在戏台正对厢房檐柱的地方，再设立柱，由此使得戏台看上去有五开间之多。这里正好设楼梯上到舞台及两侧厢廊。为了给舞台采光，将明间屋顶断开抬高，前檐柱的高度由此变大。出于防雨目的，柱子由两节组成，下面是石柱，上面是木柱。石柱为方形，落在八角形柱础上。木柱也是方形，在与石柱的交界处使用坐斗。坐斗能弥合两者的接缝，有美化之效。如果坐斗坏了，还可轻易更换。木柱之间架月梁，上以两只橔墩承托穿枋。月梁、穿枋均设置雕刻。其中穿枋中间雕刻五个狮子，寓意五世同堂（图右）。穿枋上设置斗栱四朵，每朵出四跳，并在坐斗两侧设置花卉式的枫栱。

　　大门前设前院。前院是有很大作用的。一是因为大门的前檐与河道并不平行，而是稍微朝向上游。如果不设院子，建筑与河道斜交，景观并不好。另外，在建筑的对岸，有一些民房，它们的形态是祠堂无法控制的，为了给后代避免可能产生的麻烦，于是在门楼前方砌筑院墙直到河边，剪除这些隐患而给自己营造肃穆的效果。在院墙东西侧开门，使得祠堂前庭既跨越道路，而又不打断它的连续。院子前院墙与门楼立面平行，两侧院墙与前院墙也是直角关系。其中南院墙以直角和戏台南墙相接，北院墙则和戏台北墙有一定转折关系。工匠将这段转折藏于北门和建筑门楼之间的地域。从祠堂大门出来的人们抬

头远看时，瑶山主峰恰好位于院墙中部（图上）。两侧稍微高点的侧墙，进一步烘托了这种景观。那段墙体的转折，此时已在人们视线的余光之外，并不影响眼前的对景。

## 对景

图上 瑶山主峰

# 前院

图上 向北看前院

　　祠堂大门的做法是成功的。工匠首先在门前围合了一个比较密闭的空间，使得周边建筑都在墙外而不可见，严整的内部空间就此形成（图上）。他们在院墙的南、北和西面的三面墙上什么也不做，只在东部营造了高耸壮丽的门楼。门楼由砖石做成，采用三间五楼的牌楼形式。不仅如此，人们还在两侧稍矮的墙体采用了同样的屋顶压顶，似乎也为门楼增添了两个开间。而从侧面山墙逐渐跌落并延伸到前院墙的墙体，不仅容纳了南北双门的位置，也使得自己仿佛是门楼向前打开的八字形影壁。来客进入前庭之后，感觉这个门楼是一个半包围结构，似乎有十一开间之多。其中间五楼往两侧跌落，檐口丰满厚重，两侧的六楼从后部向前部跌落，形态简洁明快，前者依旧具有主导作用。祠堂的立面以青石

梁枋嵌在空斗砖墙中构成牌楼样式。在最高层的中楼之下，镶嵌汉白玉"惇睦"石匾，其下侧的梁枋间，才是"程氏宗祠"匾。这种做法传递出先人这样的期盼，那就是不仅程氏后人应笃爱和睦，还要与其他诸多氏族和平共存。这在杂姓混居的瑶里是十分必要的。"敦睦"的汉白玉石匾并非一整块，而是由上下两块组成。这种做法不合常规。如果是为了施工方便而割裂成这样的小料，那就无法解释更大的梁枋却能整体安装。一种可能是，程氏有意将石匾破开，告诉后人只有上下齐心，才能组成一体。这种做法并非独有，下部的"程氏宗祠"匾也是由首尾两块和中间一块拼成，暗示举族共和之意。

　　在祠堂下水设置埠头（图左），上水设置书院等辅助用房（图右上）。下水做埠头，可以方便前来祭祀的人们从南门逆流而上，吃到流水的"财气"。书院摆放在上水，可以争得安静的环境。河埠头的安排比较奇特。这里的驳岸用石块垫得较高，无法设置台阶从道路下去，因此要贴着祠堂的南墙设置台阶，下穿岸边的道路，才能到达埠头

（图右下）。路上的人们，要进入祠堂的前庭，需要跨越河埠头的小桥。而船上的人们，几乎看不到祠堂里面的任何情况，需要上埠头、穿桥洞，返身后才能进入。到书院的门，也是贴着祠堂北墙而建，并不显眼。进门之后，是一个前院，向北一拐，是书院，向南则直接进入祠堂侧门。后者是祠堂在演出时的另一个出入口。

## 祠堂两侧

图左　埠头
图右上　书院门
图右下　小桥

1 进士第
2 瑶河

N

# 进士第

图左 鸟瞰
图右 立面

　　建筑由清代康熙年间进士吴从至所建，布局类似祠堂，前后三落两进，东面瑶河，气势宏大（图左）。为了表现官宦之家的威严，房屋平面四方，大门开在中轴线上，立面贴建三间五楼的砖石牌楼（图右）。建筑高踞在五级高的台基之上，可避开暴涨的瑶河洪水。入口前增设照壁，能肃清门前空间，保证内部私密性。照壁和建筑间的地界不算宽敞，故将建筑立面内凹，容纳三开间牌楼和部分台阶。正因为有照壁的存在，建筑大门才能不管门口来水方向，而是直接向前。为了对来水有一定回应，建筑做了以下处理：在第一进的天井中，南厢房做成进深小、高度大的单坡顶，而北厢房做成进深大、高度小的双坡顶。这样的

话，建筑下水高，上水低，正好可以接住从北而来的水中"财气"。在第二进天井中，水的作用减弱，故左右厢房恢复等高，此时封护后侧、眺望前方成为主要需求，故第三落正房高度最高，用以接纳对面的风景和日照。入口牌楼是重点装饰处，青石台阶和门框，磨砖梁枋和版心，挑砖斗栱和叠涩，各司其职。由于牌楼依附于前檐墙，故其屋顶最高只能和建筑檐墙压顶相接，以便相互支撑、利于排水。明间平板枋和穿枋之间的墙面上写"进士第"三个大字，而在顶楼枋木下的嵌板上刷白留空。空白在青灰色门楼中格外显眼。这是期待后代再题荣耀的地方。整个立面除了牌楼之外都刷白色，与这块空白呼应。

建筑是清代茶商所建。房屋位于河西的西北边角，坐西南，朝东北，采用主房和辅房相结合的形制。主房在西北侧，辅房接在南面（图左上）。主房二层，是前后天井式。正房的前面是四合天井，后面是三合天井，总体布局是当地传统样式，但建筑立面稍有变化，表现出当时欧风东渐的巴洛克手法。建筑前檐墙首先以两层水平线脚分成上、中、下三段（图左下）。中、下两段对应两层楼，上段是女儿墙，然后用四根壁柱将檐墙分成明间和次间三部分。底层明间设门，做拱券式门罩。二层次间开门洞，出挑小阳台，上面依旧做拱券式窗檐。顶部的女儿墙中，将壁柱升到墙顶之上，中部两根高，边侧两根低，柱端皆以叠涩托球收顶。柱间女儿墙形态各异。明间是拱形，在最高处以球形结顶；次间是渐低的弧形，交于边柱之上。这个立面是对狮子的仿形，用来呼应北面的狮子山。其一层门洞如口，二层窗洞如眼，顶部的波浪形女儿墙则是狮子的鬃发（图右）。为了进一步点题，在二楼的明间，用铁丝、灰泥塑造成两只摇头摆尾的狮子盘球的雕塑。在狮子下面，则以砖砌筑成微微朝下的匾额，上面用阳文写"狮岗胜览"。

# 狮岗胜览

图左上 鸟瞰
图左下 立面
图右 入口

前进

　　室内前天井是三合天井（图上）。上堂明间通高。厢房虽说有二楼，但它们在前方不连通，留出同样通高的下堂。人们一进大门，就能看到整个内部空间，并不压抑。上堂、下堂和左右厢房的木结构层层出挑，将天井围合成一个狭长的条状，然后在上面架天窗。天窗的屋檐檐口是等高的。在其下方的挑檐处做轩，形成一个倒扣的盝顶。在盝顶下方，上、下堂的明间之间，均设一根大型的月梁，这两根月梁可稳固结构，也便于檐口做轩。在下堂大门上方，做梁枋和木板壁，勾连两边厢房以提高房屋刚度，并在其上下两根枋木间的格子板上，

书写"万福来朝"作为上堂对景。在厢房和正房檐柱之间，也做叠合的高梁，使之不能发生相对位移。这两处结构都隐藏在暗处，故表面十分简洁。而天井下的月梁、厢房的枋木和窗扇中则充满雕刻。二楼的窗扇隐匿于盝顶之下，光线并非最亮，且视距最高，故雕刻成细密的网格状，方便进光的同时，可遮挡一楼的视线，私密性最好。一层的窗隔扇朝向天井，虽说视线距离最近，但光线已经衰弱，故在几何形中点缀少量精彩的具象图案，可吸引外人目光聚焦，无暇内看。一、二层之间的梁枋高度大，受光最强，且不容易遭受破坏，因此是雕刻的重点。它采用戏文为主要内容，可以直接反映屋主的志趣。戏文雕刻一边是陆战，一边是水战。水战的一方，驾驶着两艘战船，正在攻城拔寨（图下左）。陆战的一方，刻画着五匹战马，正在陷阵冲锋（图下右）。官兵脸部上扬，在天光照耀下露出得意的微笑，似乎从来没有觉得这是一场激烈的厮杀，而是一场欢快的表演。在画面中，工匠添加了很多富有趣味的配景。在水战的上空，两只飞鸟正在柳树间争夺一条青虫，一条大鱼在船边吐着水花，它们好像在看一场龙舟竞渡的游戏。在陆战的场地上，五匹马的形态各不相同，有侧面、有正面、有回首，仿佛在表演韩滉的五牛图。在旌旗挥舞、刀枪并举的空隙中，梅花和松枝探出头来，为这个战场添加了诗情画意。

# 天井

图左　上堂
图右上　下堂
图右下　天窗

　　室内地面中，天井和下堂相平，连成一体。天井和上堂地面高差也很小，几乎不到一个台阶（图左）。室内活动空间是开阔的、平坦的。天井中铺青石板，上堂地面用方砖，房间中用架空木地板。随着活动趋向私密，材质趋向宜人。天井中间的两块石板上雕刻铜钱状排水孔，这是以前露天时留下的痕迹。浅色的石板在天井的照耀下泛着灰白的光。大门周边是白粉墙，它在散射的光线中也有反光的作用。如果在下堂屋面下的轩顶中藏有光源，则会照亮大门上方板壁中的

"万福来朝"（图右上）。此时，下堂檐口的月梁就如同舞台的台口梁，而下堂就变成舞台，轩顶则是光腔，正对于此的上堂框景就会更加丰富而精彩。如果收回视线，让目光越过繁复的木雕，从活动天窗向外，可以看到天窗之中明间女儿墙顶的球形雕刻历历在目（图右下）。此时发现，立面明间的拱形墙体虽然高耸，但并不遮挡天井的光线，它只是想把那颗宝珠送到人们眼前。天窗由五块平放的玻璃组成。中间最高，两侧逐步降低。通过向两边推拉窗扇启闭天井。

## 河西民居

图上 立面

　　建筑位于瑶河之西，坐西朝东（图上）。房屋由主房和辅房组成。主房为合院式，辅房为条屋状。为了拢住瑶河的"财气"，辅房放在主房下游，并向前探出。主房三开间，明间是厅，次间是卧室，次间前则是厢房，虽说平面方正，也在此对瑶河做出反应。下水的次间和厢房都比上水的要大。从立面的瓦垄数就可以看出来。南侧山墙的压顶要比北侧山墙压顶多一垄瓦。入口大门做在建筑东墙之上，也向北偏移，争取上水。大门采用门罩式。略微凹于墙表的大门上方，通过青

砖隐起两道梁枋和垂柱支撑上面的叠涩挑檐。挑檐屋顶和前檐凹字形底部的檐墙屋顶连在一起。在正面，房屋外表抹白灰。因为檐口、门罩的遮蔽，紧接下方的白灰抹面尚存，其余抹面已经剥蚀，露出斗砖砌筑的青砖纹理。残留的白墙上，原来的墨绘也已经褪色，留下浅色的印记。建筑立面好像披上迷彩服，融进斑驳的环境中。在侧面，纯白色的抹灰只用于建筑上部，下部墙体则以青砖清水对外。主房的白色抹灰已经分区施行，而辅房则以通体青砖对外。

　　粮食储存在楼上，故常借用房屋的二层窗洞受光。衣物洗涤要近水，因此多在楼下晾晒。瑶河水体清澈，人们一般到岸边洗涤。沿河则设晒杆。晒杆由竹竿做成，共有两种。一种是独立的竖杆。这些竹竿的侧面保留较多分枝，每个分枝只留一节，以便鞋袜等倒扣在节端。另一种是由两个竖杆和一根横杆做成的龙门架，衣服、床单等可担在横杆上。竖杆依靠底部的石质或混凝土底座得到固定。有些晒杆不设底座，只是将之靠在侧壁，以便追逐阳光而移动。在沿河比较密集的立面中，常空出一块用地搭建晒杆（图上）。巷中稍宽处也会设置晾晒空间。在二楼的窗户下面，人们还会搭建高高的晒架（图下）。

## 晾晒设施

图上　水边晾晒场地
图下　二楼的晒架

# 高岭

摘要

高岭村位于东河流域的大山中，是瓷器重要原料高岭土的得名之地。在此开采、加工的高岭土由古道运到山下的东埠，然后装船转运至景德镇。村落中部的风水林将其分成里外两村。数条流水在村中汇聚并由水口穿越聚秀桥直落深涧。为了满足矿工和挑夫使用，聚秀桥采用并置双拱以扩大空间，建造五开间桥屋以方便休憩。桥屋为木结构外包砖的形式，前后檐口对称，并在上下游对角处开门连通村内外的小路。屋内有神像和四块碑刻，后者是佐证桥梁建造史的重要材料。

关键词

高岭，高岭土，瓷器，村落，聚秀桥

1 高岭
2 东埠
3 东河
4 高岭溪

N

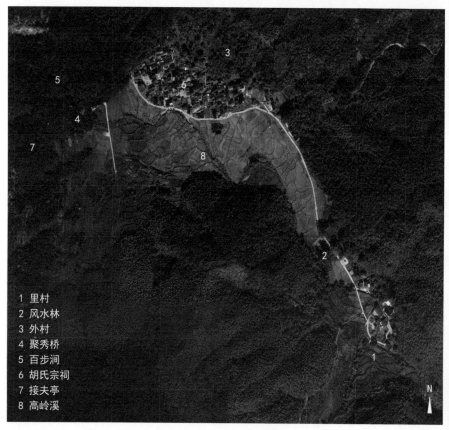

1 里村
2 风水林
3 外村
4 聚秀桥
5 百步涧
6 胡氏宗祠
7 接夫亭
8 高岭溪

N

东埠以东约1千米的崇山峻岭中，东北部大山和西南部大山相互对峙，形成一个长约1.2千米，宽约150～300米的盆地，高岭村安居其间（图左上）。东北部大山是下弦月形，山体完整，山势陡峭。西南部大山为指状，山体起伏，分支较多，其中三条西南向东北延伸的支脉正对东北部大山。北部支脉紧逼其北端，形成村落的总水口，从此而下，则是陡然降落的深涧；中部支脉直插其中部，形成一个束腰，将村落分成里、外两个部分；南部支脉与其南部靠近，形成尾鳍状的地形，上接两条支谷。源于支谷的两条小溪在内里交汇，经束腰进入外部，在此接纳一条西来的溪流后，从水口直落而出。为了就近耕作，定居点以束腰为界形成里村、外村（图左下）。因西侧大山形态曲折，源于这里的溪流在山麓冲积出大量缓坡平原。节地的两村村民便将村落安排在溪流东岸，房屋坐东北，朝西南，坐高望低。人们在束腰处种植枫香树、樟树，形成连接两边山势的风水林（图右上），既可阻挡北风直入，又能围合出各自的小环境。同时，他们还在村落总出水处，保育两边的树木、建聚秀桥，营造共同的水口（图右下）。

## 区位

图左上　航拍
图左下　高岭村布局
图右上　风水林
图右下　水口

　　唐时这里就有人居住并建造聚秀桥。宋代，冯氏、何氏迁入。后者发现的高岭土开启村落发展新时期。当时，人们烧造瓷器用的是瓷石。由于长期挖掘，质量好的富矿已经不多。如何寻找替代物是一个难题。经过摸索后，人们发现如果将高岭土掺入瓷石形成二元配方，可以使得烧造的瓷器温度更高、成品率加大。根据何氏族谱记载，高岭村何召一最先找到并开采高岭土。村边的高岭山则是出产这种土的重要产地。随着高岭土的开采，各方人氏都来此做营生，逐渐形成冯、何、汪、胡四个大姓。高岭土也由此畅销景德镇。明代宋应星在《天工开物》中提到的高粱山就是指高岭山。1712年，法国传教士殷弘绪向国际介绍这种土。后来德国人李希霍芬1869年来到浮梁高岭村，把这种土定名为高岭土，并推广到全世界[1]。目前，高岭山上还分布着不少露天及地下的矿坑（图左）。后者有单进式、水平回绕式以及对掘式[2]。其中1号矿坑和2号矿坑就是对掘式。它们分别位于上下对齐的山麓、山腰。两坑向山里掘进到一定距离时上下沟通。这一方面确保了两个逃生通道，另一方面也利于通风、排水。另外，上、下坑道的并置还能缩小开挖横断面，在结构上也是有好处的。目前，两坑坑口挖出的尾砂如同"青山浮白雪"，甚是壮观。高岭土质地松软，不需要碓舂，通过水力沉降就可提炼[3]。挖出来的原料就地淘洗最为省力，故引水圳至矿口掘池沉淀。沉淀池是串联的三个水池。在它们之前还要做一个水槽以便去除杂质。当水体裹挟泥沙经过三个水池时，高岭土就在其中逐个沉淀。沉淀物取出后要做成重约2公斤的不子，以便于存取、计算。这些不子由挑夫们循着石径挑下山去。石径长约2.5千米，有台阶约5600个（图中），沿途点缀一些小亭。至平地后，不子则被装上独轮车推到东埠以便装船转运景德镇。因采矿工作强度大，环境中粉末多，矿工及挑夫多来自周边的穷苦人家。他们常汗流浃背，赤身裸体。故女性不便前来。其中一座小亭由于距离聚秀桥不远，女人常送饭于此，或持灯火到这儿接男人回家，人们便称之接夫亭（图右）。在平时，矿工、挑夫还会到水口聚秀桥休憩。

## 高岭土

图左 矿坑
图中 古道
图右 接夫亭

　　聚秀桥始建于唐末，明代曾重修，初名永秀桥。桥址位于村落最低洼的西北端，扼全村之水（图左）。桥之上游是肥沃的良田，那里有里、外两村村民赖以生存的根本，桥之下游是峡谷，那里是一段落差250米、长达1000米的深涧，故在此做坝挡土、建桥泄洪最为合适。坝借助横亘在水口的天然石块筑成。一方面，它在上游蓄积水势，缓解水土流失，抬高地下水位；另一方面，它又在下游跌水成瀑，带来动人的入村前景。由于河床狭窄深切，卵石密布，于是在坝上采用石拱桥一跨过水。为了增加压重，桥上造屋。明清时期，很多采矿工人来此休息，人多时拥挤不堪，于是在下游贴建更大一拱，并在上部拓展桥屋。1949年后，桥梁受到严重破坏。目前廊桥为原址修复。桥为石拱砖木廊桥，长15米，宽7米[4]。两道独立的孔券间用比较规整的条石盖缝，拱券侧面则用不规则毛石封边，内部填砂石，表面铺石块。桥屋采用木结构外包砖的形式，并未像其他廊桥一样完全空透，因为它不仅要增加重量，还要保温隔热，提供更好的室内环境。廊桥下游的道路位于山涧之南，避开了北岸峭壁。上游的村落则坐落在北山山麓，节约了南岸耕地。进村石径和村中小路在廊桥相会，形成两个曲尺形。为了封堵水口，扩大面积，桥屋做成大于桥拱的五开间，覆压在道路上。两侧尽间变成出入口。在此开设对角分布的券洞。南面券洞匾额是"玉岭云峰",相传是宋理宗赵昀题写(图右)。人们入券后,不能看到村内,需要转折向北,再转折向东才能进入村内。在北部山墙安排了福主许真君像,从北面券洞而来的光线将此处照亮。南面山墙则竖立着从唐到清的几块碑碣,因附近入口的光线,离村之人一进桥屋就可以遥看。廊桥中部因进深大而照度不好,故在墙上设有横跨两个开间的大窗,并依靠内部木构从窗洞中挑出一个斜顶。斜顶位于窗洞的中部,上下均为空透,如同格栅一般,既可采高处的天光、气流,又能遮窗口的风雨、落叶。窗洞虽大,但它位于桥拱之上,与门洞间隔一个开间,结构未受削弱。为了增强光照,在间隔的开间上开一个小方窗。大窗的另一侧接着一间实墙,以便放置神像或碑文。桥屋的上下游布局基本是旋转对称的,这是在适应道路交通的条件下,利于对角通风、两面采光的必然选择。桥屋也并非绝对对称,因为北部山墙与南部山墙不平行。前者为了适应山势,向上游微微打开。这是一种接纳风水的姿态,对守住"财源"有利。紧靠这个山墙,在下游檐墙内部,供奉着"聚财"的关圣。

## 聚秀桥选址

图左 桥的上游
图右 门匾

# 桥屋结构

图上 屋架

　　桥屋采用穿斗结构，共五间六榀。每榀进深五跨，中间三跨是大跨，两侧边跨是小跨，这种结构形式与屋架只有三跨的廊桥类似（图上）。后者由于桥身不宽，一般中间是一个大跨，两边各有小跨。之所以保留边上的小跨，一是为了在结构上利用两柱形成杠杆的支点，方便挑穿；二是利用它们的较小间距设置座面和靠背，形成美人靠。聚秀桥宽度很大，虽然在结构上无需边上的并列双柱，但它需要美人靠，故在两侧保留了小跨的两柱。全桥的五跨中，中间一跨是三瓜四步，

两侧跨是二瓜三步，边跨是一步。每跨之内，在一穿下方设连系梁相接。每榀屋架之间也有连系梁。它们位于跨内的连系梁之下。在穿斗屋架中，脊桁下方是要添加副桁的，这样就可以在未上脊桁时固定相邻的两榀屋架。由于这里的屋架太大，且中柱为瓜柱，故这根附加的桁条没有位于脊桁下，而是被分配到中跨两边的落地柱上，成为屋架间的重要连系梁。桁条从一根变成两根，它的连系作用更加强了。这些连系梁与边跨的美人靠使得整个屋架非常稳固。

　　桥南靠山墙立碑碣四方（图左）。从入口数第一块是刻于明代万历年间的"聚秀桥记"（图右）。碣圆头方足。碣首以青天红日、白云仙鹤展示出吉祥如意的画面。下方的"聚秀桥记"则用篆书写在矩形衬底中。其文记录了因"水口固而山灵钟"，"桥梁建而诸秀聚"的造桥过程。从刻字中可以看出，募捐建桥的人以何、汪、冯三姓居多。第二块碑刻于康熙二十五年（1686年），碑方形，题为"永秀桥记"。文中对修建桥梁的技术描述很少，只是记录了修路建桥者的名单。名单中除了何、冯、汪等大姓外，出现了不少他姓，如吴、程、胡、方等，可见此时高岭村因采矿业的发展而吸引了不少外人前来。第三块碑文是"修路碑记"，立于雍正年间。大致叙述元年时一名募化僧人筹款，众人随缘布金，修建了连接廊桥的大路。募捐者最多是何、汪、冯、吴四姓。第四块碑是"重修庙亭记"，立于乾隆三十六年（1771年）。

# 室内空间

图左 南墙碑碣
图右 聚秀桥记

这是重修永秀桥的庙宇、桥亭等建筑的记录。从碑文中可以了解，这里原来"有庙焉、有亭焉、有阁焉"。忠烈庙在北，关圣庙在南。后来关帝庙移到北面。原庙址埋没，亭子也荒废了。此后人们修复了古桥，并在南面增加了真君庙，形成"三面对峙与亭相连"，并"颜其额纪地景，福佑乡村"，供大家"炎暑憩息亭中"。此时，何、冯、汪、胡依旧是大姓。聚秀桥的现状与古代已经大为不同，但双拱并联的结构、曲尺形通道依然是其特色。从其四块碑碣的记录来看，一开始的捐助者只有汪、冯、何三大姓，到了康熙年间重修路桥的时候，外姓势力开始变大。雍正、乾隆年间，外姓势力又逐渐变小。这与当地高岭土生产从明初发生发展，到清中晚期高潮衰微的过程相吻合。四块碑文与廊桥形成我国桥梁史上实物与文献相互佐证的宝贵实例。

　　村中各姓都有祠堂，但目前只有胡氏宗祠存留（图上）。建筑正好位于外村的地理中心，祠堂坐北朝南，稍微偏东。面对指状山脉的主峰。此时高岭溪正好在主峰脚下向东北而流。祠堂的大门面对着来水，气势非常好。建筑前后两落一进。内部穿斗和抬梁混用，外部用青砖包砌。墙体采用封火墙，压顶轮廓随着建筑屋顶而连续，不做陡然跌落，且在前后檐水平前探。它们借助下方白色抹灰带的衬托，如同两条并行的巨龙。建筑内部空间宏大、华美。房屋前廊下做轩，依靠鳌鱼的翘尾支撑轩廊的双柱，颇有特色（图下）。

2

# 胡氏宗祠

图上 区位
图下 轩顶

# 东埠

摘要

流经高岭山的东河受山体约束后因水势稍缓、便于行船而成为高岭土外运及上游货物集散的码头。码头在河流东岸沿水从北向南发展，并由东西向的桥梁分成上、中、下三段。北部大山到板凳桥是上段，这里是装载的主要区域，拥有长长的埠头及凉亭。板凳桥到过水桥是中段，这里码头少，吊脚楼多，道路变成两边店铺的商业街。过水桥到石拱桥是下段，这里靠近大桥，建筑后退于高台上，河岸保留了便于行洪的原始状态。各段交界处以望楼、过街楼及广场衔接。

关键词

东埠，码头，乡土建筑，桥

# 地势

图左　东埠核心区
图右　东河拐弯处

　　东埠位于昌江支流东河之上，南距浮梁县城约40千米（图左）。流向西南的东河遇到大山阻挡后转向东南的高岭山，由此复向西南。水体奔流1.8千米之后受西山阻挡，折往西北后再向西南。河流在高岭山的西北山脚兜了一个口袋形。此地称鸿潭。河流的东南岸是一个放射状的盆地，几条小溪分别从高岭山的山谷中注入东河。唐末，一些流

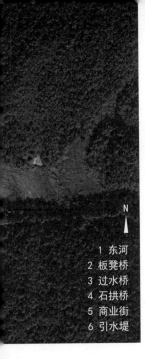

1 东河
2 板凳桥
3 过水桥
4 石拱桥
5 商业街
6 引水堤

民逃难至此。梁，位于高岭村的人们开始开采高岭土。高岭土需外运到下游的景德镇，通过东河水运则是最好的办法。东河撞击高岭山之后，拐弯的东埠便成港口的首选（图右）。第一，这里是东河进入盆地的第一站，水势稍微缓和，且岸线处于转弯外侧，水位较深，便于停船装运。第二，高岭村的里村、外村有一条溪流经过矿区，它从东埠北部注入东河。这是一条自古就有的水道，沿河有山上矿道没有做好之前的古路。东埠的位置位于高岭村西端，与之距离较近。第三，在东埠的东部，有一道裂谷直通高岭山的深处，另一条小溪由此蜿蜒而下。由此开辟道路，到矿区最为便捷。第四，东埠属于高山近水的坡地，耐得住水流的涨落侵蚀，且农田少，做码头成本低。此外，由东埠上溯，东河弯多水浅浪急，难行大船，故上游地区的瑶里等地也将货物运来这里装船。出于以上原因，东埠便成为必然的选择，并随着高岭土的运输而逐渐发展起来。

　　东埠码头随着岸线向南发展，并由横街往山上延伸，形成长近500米、宽近200米的密集街区（图上左）。目前东埠码头的运输功能已经弱化。为了勾连和西岸的交通，人们沿着横街在东河上架设了三座桥梁。从北到南分别是板凳桥、过水桥和石拱桥。三座桥把岸线也分成三段。其中高岭山北山山脚到板凳桥是上段。此段长约150米。这里是古码头的位置，保存了较多的昔日场景。为了适应河水涨落，沿岸砌石挡墙。墙下做亲水码头，墙上砌沿河建筑。两者间高差有2～3米。码头沿河而设，以大石砌筑，宽达2～3米，高于常年水面约40厘

## 上段

图上左　鸟瞰
图上右　凉亭
图下左　封火墙
图下右　板凳桥

米。墙上的建筑面朝大河，密集成排。房屋背靠坡地，每户1～3开间不等，采用内天井、天井式等布局，高达两层。建筑并不紧压着挡墙边缘，而是向后退缩3～4米，既可缓解挡墙压力，也可以在墙毁时避险。人们利用这块空地，在建筑前檐搭建单坡凉亭，凉亭彼此相连，作为交通、休憩、暂时堆货的场所（图上右）。房屋室内比凉亭高3～4个台阶，可进一步适应坡地、避开大水。随着地形向山上升起，建筑的二层东面已经和室外坡地基本平齐，由此形成跃层结构。相邻房屋间或用人字形、一字形封火墙隔离（图下左）。板凳桥又名万年桥。此桥宽于一般的板凳桥，以便独轮车和人流并行（图下右）。桥以杉木为腿，樟木为身[1]，可承受载重500斤独轮车的重压。水大时桥一年被毁十余次。为了利于重建，桥东便立一根石柱，其上扣铁链，用来拴住桥梁的木构，在桥毁时回收。

上段沿河的单坡凉亭的结构形式依据进深大小分为两种（图左）。进深在3米左右的，使用两柱四瓜带斜撑挑檐的形式，一跨做成。进深6米左右的，采用三柱四瓜带挑檐的形式，设有两跨。所有结构都设靠房脊柱、靠挡墙檐柱，自身结构独立，只是屋顶紧接在建筑屋檐下方。柱子设柱础，立在卵石地基上。檐柱之间设竖棂栏杆或美人靠拉结。这些长廊是连续的，并未做封火墙隔离。细小的木柱不会因为妨碍行洪而倒塌。即使被洪水冲垮，也不株连房屋。遇到火灾的时候，虽然容易连片蔓延，但对建筑内部的木结构却没有影响。长廊中的地面也是卵石铺就。在道路中心铺设比较规整的条石，以利于独轮车推行。以前，这段地区的码头是密排的。为了争夺有利位置，船主曾在此发生过冲突。清乾隆年间，官府针对一件争讼，在此竖立碑文作为警示（图右）。其文大意为：因为东埠附近的高岭山所产之土不"土性松脆无需舂錾之劳"，引得众人纷纷在此转运，进而起了争端。陈士荣控告王重辉串通地保，"意欲阻绝婺舡装载，霸揽独运"。官府查明后认为："前来本道查东港溪河计长九十里，辛正都河道为东港九十里之源，除该处二十里河窄水浅，向系本都鸦尾小舡装运外，其余通河

共计七十里，两边山内所产硬白不、黄不、软不、清釉、高岭等土五种，应如该府县所议，自东港口起至东埠七十里之瓷土，毋论本地婆缸，悉听客商雇募装载，不得妄分畛域，横行滋事。"对于肇事者，因为"遵断安静"，故"免其深求"。但是，"嗣后如有不逞之徒，胆敢阻绝河道""争装"，则"严拿详究，断不姑宽"，"各宜凛遵毋违"。

## 凉亭

图左　结构
图右　碑文

　　板凳桥南面的晾晒广场是南北向敞廊式道路和东西道路的交叉点。一条台阶由此延伸到河岸的埠头上。敞廊式道路的末端设置了一座望楼（图上）。此楼三层，突出于单坡廊之上。其北侧依靠着一座人字形的封火墙遮挡寒风，并做好与邻居的防火分隔（图下左）。东西南三面均为视线开阔处，故不设墙体，可供远眺。房屋东西双坡顶结构。为了防雨，朝南的山墙设落翼，交于东西向的双坡顶之上，形成类似歇山的结构。望楼以南，敞廊式的道路转变为两边是店家的商业街（图下右）。从广场到过水桥长约80米的区域是东埠码头的中段。这里的河岸坡地基本保持自然状态，未设码头。建筑紧紧压在坡地顶端，并且向水面延伸出单坡廊。单坡廊依靠列柱支撑在坡地上，并无挡土墙承托。这些廊子归各家私有，是眺望江景的好去处。商业街的另一侧也是店铺。两者将街道围得很窄。建筑面街的一侧都采用门连窗的形式。大门是可装卸的板门。窗子为推拉窗，安装在高高的砖砌筑的柜台之

# 中段

图上 望楼区位
图下左 望楼南面
图下右 商业街

上，可方便骑马者购物。每家的山墙向前突出，并支撑挑檐，防止火灾的同时也能避免雨水侵蚀。封火墙到了屋顶以上富有变化，沿河的建筑采用了一字形的五跌落式，而靠内侧的建筑则采用人字形的小翘角式。由于街道很窄，人行其中，面对商铺时要仰头才能看到店名。为了利于观瞻，店家将招牌写在了侧墙之上，人们老远就能直视。

　　下段从过水桥开始，到石拱桥结束，全长约100米（图左）。过水桥是多跨简支的石板桥，墩子前方有分水尖，因桥面低矮，遂不设栏杆，行人来往不会受怕。大水来时，此桥没于水下，不挡漂浮杂物。大水退后，此桥复现于水上，少有损坏。经过此桥的道路穿越沿河商业街后向山上延伸。商业街在此略有转折而继续向南，两者形成十字路口。人们在路口建造过街楼作为中段的结束、下段的开始。此楼既是过水桥进入东埠的哨卡，也是山上入桥道路的框景（图右上）。在桥

## 下段

图左 下段鸟瞰
图右上 过街楼
图右下 美人靠和码头

梁和过街楼的下游交界处，设台阶下到宽阔的码头。为了方便人们来往、休憩和迎送，过街楼的底层全部是空透的，只在沿河的廊柱间设美人靠（图右下）。从山谷中而来的一条小溪，在过水桥的上游汇入，不影响下游码头，其"财气"也由过水桥过滤而留在了东埠。

1　西部
2　中部
3　东部

　　转角屋位于十字路口的东北角，西面临商业街，南面隔一条明沟面对上山的道路（图上）。用地为长条状，东高西低，故被分为三段，并将高差集中在三段用地的分界处以减小其影响。中部用地安排建筑的主房，西部用地和东部用地分别建设辅房和店铺。主房采用三合天井的形式。建筑二层，天井在北，大规模正房朝向南面街道，可以争取更多经营面积。建筑位于两级台阶之上，三开间，一层的中间设门，两侧则是砌筑砖矮墙的高窗。为了更具有可达性，在门前溪流上铺石板，扩大门口停留空间。两侧墙体前探、高耸，形成跌落式封火墙。由于中部主房的高耸山墙的存在，西部辅房采用了同时向西坡、向南坡的单坡檐。它们在转角相交，构成了完美的转角檐口而和街角相配合（图下左）。因这小块用地呈南北长条形，故南北向单坡顶交到东西

向单坡顶上，形成歇山式。其檐口下方均作木构。朝西面对主干道设三级高差，然后开门，设下部有砖墙的高柜台。在面朝南部的台阶处，装木板窗，用于采光、观景。这里全部采用木板壁，不用担心墙体的不安全，因为它隔着一条溪流和道路、台阶相伴。开窗既可听到溪流之声，也能看到来往的挑夫贩卒。屋顶的坡水向西可落入街道的卵石地面，在南则进入溪流之中。东部店铺位于三级高的台地上（图下右）。建筑与主房并列，向西敞开。房屋的台基比室外地面又高三级。建筑一开间，二层。前檐面阔西部靠近道路上的台阶，因此将入口放在东侧，对着一个小晒场。为了防止大雨、西晒，二层的木结构层层出挑，并且将挑檐下部也封闭起来，既形成室内存储空间，又使得二楼的窗户深退其后。

## 转角屋

图上 区位
图下左 西部辅房
图下右 东部店铺

下段靠近石拱桥（图上）。为了不减小行洪宽度，河岸保持了更加原始的地貌。建筑退离水边更远，与水面间隔一大段自然坡地。在毗邻大桥的岸边，坡地上还种植大树巩固岸线。房屋一般两层，位于高高的台基之上，沿河不做单坡廊、吊脚楼，避免了立柱拦水。商业街

## 近桥空间

图上 石拱桥
图下左 商业街
图下中 引桥孔
图下右 隧道

的宽度较大（图下左），因此建筑无须将招牌写在侧墙。在街道的尽头，人们可穿越石拱桥引桥的桥孔而继续向南，也可顺着引桥上到桥面（图下中）。由于沿河用地非常宝贵，下到码头的通道并不露天，而是藏身于建筑下方，通过一个隧道来到水边（图下右）。

# 石拱桥

图上 石拱桥
图下左 鲤鱼
图下右 桥面

　　石拱桥建造于1980年（图上）。桥长100多米，共有7孔，中部5孔常年在水，边侧2孔或现于岸。水中的桥孔很高。中孔为最，两边逐渐降低，形成一个舒展的人字形。做成这样，一是为了行船过水，二是为了锁住东埠的"财运"。桥墩落在方形的石基础上，在其上游砌船形分水尖，然后用条石发券。相比拱券来说，桥墩很薄，避免了对水流宽度的过多占用。为了做到这点，桥拱的结构接近连续受力，一孔受到损害，另一孔也遭受危险。由高大中孔产生的侧推力经过两边桥孔传送，最终由引桥承担。东侧引桥与山坡相接，它的高度降低不大。西侧引桥无山体借力，为了渐落而做得很长。由于桥面较高，水面很难没及，故桥栏采用石板，未用棂条。板共142块，青黑色，镶嵌于望柱、扶手、地梁间，并在海棠式开窗中雕出鲤鱼、松鼠、白鹭等传统图案（图下左），寄托吉祥如意的愿景。桥面用矩形石块铺设。因坡度

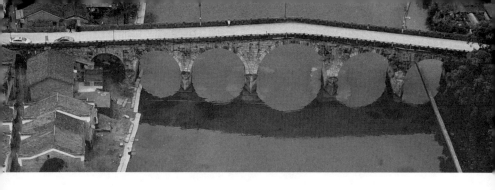

较大，如何防滑是重点。工匠先将桥面分成若干直角三角形的块状，使其直角边在桥面中部，斜边则位于栏板处，然后在每个三角形内，将石块沿着直角边砌筑，利用其坡度上下左右压牢，产生人字形石缝（图下右）。这种缝隙利于排水，既无碍日常行走，也可在推车上桥而走成折弯路线时防止侧溜和下滑。靠近端头的桥面因坡度变缓，上下石块间压力不大，故用石块平行于桥面顺砌，简化施工。在西侧第一孔中，有一条下游村落取水的水圳。因行船之故，河中不宜建造滚水坝来抬高水位，于是村民利用近岸的一条滩地做成长长的引水堤，以其长度来赢得高差。堤上种植一排固土的杨柳，每年人们都会到这里疏浚、培植。后来，长堤改为卵石砌筑，树木尽毁。染柳烟浓的胜景便定格在回忆中。

# 浮梁

**摘要**

浮梁古县在旧城孔阜山。南下的昌江于孔阜山东侧接纳东河后转向西南而去。县衙位于孔阜山的盆地中间，坐北朝南，排成左、中、右三路。中路的亲民堂是最重要的建筑，房屋三落两进，采用穿斗式外包砖的结构。建筑通过月梁、拼合梁的设计以及工字廊、暖阁的安排，形成了小料条件下的大空间。大圣寺塔则处于孔阜山东侧的山丘中部，正对东河汇入处，既有礼佛的意义，又有镇风水的功能。它弥补了东部地势的缺陷，并成为昌江和东河的航标。建筑七层六面，采用砖石砌筑的筒体结构、砖挑叠涩的平座挑檐以及穿心绕壁的登临方式。旧城村的现存民居散落在县衙和塔之间，有天井式、独栋式两种，内部木结构，外部包砖墙，早期的建筑采用青砖空斗墙，后期的建筑采用红砖墙和乱砖墙。

**关键词**

浮梁县衙，大圣寺塔，旧城村，乡土建筑

# 地势

图左 浮梁旧城

昌江干流出自安徽祁门，一路连起勒功、沧溪、江村等地南下，在旧城村北部受到开口朝南的孔阜山阻挡，绕其东部向西南拐弯而去（图左）。源于婺源的东河串起梅岭、瑶里、东埠由东北而来，它接近昌江的拐弯时，受南部大山阻拦后由南向北逆向汇入，其方向直指孔阜山东部支脉的中间高地。从大的区域范围来看，这里向北是浮北山区，向南是景德镇盆地。山地、平原间的货物交易频繁，故于东汉置新平县，史称"新平治陶，始于汉世"。从具体的地形来看，这里是昌江和最大支流东河的交汇点，水运交通十分便利，故在两河交界处的南城里便成为县治所在。唐代天宝年间，因为当地"溪水涨落"，人们"伐木为梁"，始称浮梁。白居易曾有"前月浮梁买茶去"之句。816年，为避洪水，县治迁入昌江之西的孔阜山盆地，即今日旧城村西麓。同年造县衙。之后屡废屡兴，其基址基本未变。目前的布局沿袭清代旧制，房屋坐北朝南，以孔阜山作为后部及两侧的依靠，隔着昌江遥对案山，地势良好。迁建衙署之初，为了进一步镇压两河交界处的水势，在县衙东南侧高地上建大圣寺塔一座。由于三面山丘挡水，一支高塔镇河，县衙在长达1100多年的历次洪灾中安然无恙。

1 亲民堂
2 琴治堂
3 清慎勤

N

# 县衙

图左　县衙鸟瞰
图右　亲民堂立面

　　在清代，浮梁虽然是一个县级单位，县官却授予五品。一是因为浮梁瓷业茶业发达，各种事务繁忙，需要高官加以节制；另一方面，朝廷派出督察瓷器烧造的官员有三品之高，如果县官是七品的话就没有资格汇报了，故需升高才行。因此，浮梁县的规格相当高，号称天下第一县。封建时期的县衙皆由本地官府筹钱建造，上面一般不予拨款。县官多是异地当差的流官，任期结束就要离开，他们对修造衙署意愿不强，故县衙都是比较简易的形式。县衙虽属官方建筑，但有官员常住其中，因此不用庙宇等官式做法，而取民居风格。建筑木结构外包砖，两侧封火墙，中有天井。浮梁县衙因为地位高而较一般县衙

阔气。县衙采用东中西三路多进格局。东路是土地庙、九江道署、金公祠、衙神庙、衙役房架搁库、常平仓等，西路是监狱、监狱神庙、膳厅、吏房、典史厅、都捕厅等[1]。中路是主流线，排列着照壁、大门、仪门、亲民堂和后花园，是县官办公歇息的地方（图左）。其中亲民堂为清代原物（图右），它是县官及其亲随生活、工作之处，规模最大，等级最高。建筑五间，三落两进，通面阔约27米，通进深约48米[2]。亲民堂采用天井式而非独立式是非常实用的。浮梁多雨季，如果分设房屋，相互联系必然不如天井式方便。另外，采用天井式后，建筑结构彼此依靠，相互支撑，即使在使用小料的情况下，也不易失稳。房屋有前后两个天井，每个天井中再设工字廊，将天井一分为二。之所以如此，一是为了使用方便。建筑面阔很宽，设置工字廊可以避免在雨天时绕行两侧，交通便捷。二是因为礼仪的需要。工字廊是县官和上级来巡视工作所走的路线，必须单列，以强调对权力的尊重。第一落亲民堂是公开办理政务处，体量最为宏伟。建筑五开间，双坡顶，封火墙，前后均设檐廊。其中前檐柱的次间、梢间均设置一排格栅。它不挡光，却使得人们从中门进入，彻底暴露在明间大堂的目光之下，体现了流线的庄严。格栅填充在柱间，也使瘦高的柱子有了侧向扶持，看上去有稳固之感。

# 亲民堂

图上　结构
图下　前檐

　　明间最宽，次间其次，尽间较窄。明间和次间打通形成一个大空间（图上），只有正贴的四柱落地，支撑上部的抬梁式木结构。尽间是用木隔墙封闭的辅助用房，可加强房屋的整体刚度。中间三间空间非常大，出于烘托内六界空间和稳定结构的需要，前檐口做轩，后檐廊做吊顶。由于具有后檐廊，所以太师壁直接利用明间后檐廊墙壁做成，于两侧次间开双扇门到后天井。为了进一步凸显太师壁前的县官端坐处，明间在太师壁两侧做短墙前延至后金柱，弱化金柱形态的同时，也将太师壁前的空间隔离成一个龛位。这部分短墙，也可提高房屋稳定性。龛位中铺设木地板，隔绝地气的同时也抬升了县官的位置。这里别称暖阁。太师壁的上部悬"明镜高悬"匾，下面挂着海洋红日中堂，前方置放一张条案。在龛前的空地上，斜方砖的灰色铺地中，每边各嵌入一块白色跪石，这是打官司双方所处的位置[3]。前廊是开敞的五开间（图下），中间的内六界是开敞的三开间，而县官所坐的龛是开敞的一开间，从外到内空间逐渐收小。县官位于较暗处，而争讼双方位于较亮处。这不仅利于县官明辨，也神秘化了权威的形象。

## 屋架

图上 抬梁结构

　　建筑结构上注重发挥木料材性。大量采用小料拼帮的叠合梁、弯曲的月梁。前者常和板壁嵌套在一起，稳定构件、承担重量的同时，行围合空间之效。后者常独立使用，用于承托上面的重量，并显示对曲线材料的充分利用之美。五开间的大厅采用了穿斗和抬梁混合的结构（图上），并通过尽间隔墙、后檐隔墙、太师壁短墙及轩、吊顶提高其整体刚度，使得大空间、小木料的结构趋向合理。木构件不刷漆，只在局部稍事雕刻，既是材料尺寸小、结构冗余少的使然，也是官府

类建筑宣扬廉政自爱、朴素亲民的必然。由于用料小、跨度大，因此做举折和升起。从房屋剖面上看，内部举折明显。从立面上看，屋脊也有升起的存在。但在前檐，明间檐口由于重力下弯较大而升起较多，而次间、尽间可能用料较粗而升起不足，由此导致檐口曲线略有波折，未能形成整体起翘之形。建筑前檐开敞高大，阳光直射而入，故用粗糙的青砖斜纹墁地防止反光，并赋予争讼双方的白石以庄严的仪式感。

　　第二落是琴治堂，取自"鸣琴而治"，比喻政简刑清，以德治县。
这里是县官处理一般政务、接待外地官员的地方，也是大堂审理案件、
处理政务的休憩之所。房屋和亲民堂等宽，但设七开间，以求每个房
间尺度宜人。在尽间设厢房及走廊，与亲民堂相连，围成一个横天井
（图左）。明间是敞口厅，前檐口悬挂"琴治堂"，太师壁上挂"正大光
明"匾（图右上），侧壁设门通向次间，次间再向北开门通向三堂，这
是一条转折的流线，可避免外人干扰后部。明间前方设一条通道直达
前方大堂，上面覆盖屋顶，即成工字廊（图右下）。由于前后距离较

## 琴治堂

图左 天井
图右上 太师壁
图右下 工字廊

大，工字廊中设三跨四柱。此廊正对前方大堂暖阁，阁后设活动门，官员可直通大堂。工字廊将横天井分割成两个小天井，每边各植一棵枣树。枣树喜光怕风、耐寒耐涝，在这里已经100多年，细碎的枝叶可遮挡大堂漏窗的视线，均能结果的黄绿色小花可寓意办实事。第二落建筑除了明间开敞之外，其余均为封闭的房间。房间前檐墙下方装木板，上方设格栅窗。由于左右回廊均有人员往来，故格栅窗也做成上下两段，下段是木板，上段是斜交的网眼。人们在檐下行走，并不能看到内部。

第三落"清慎勤"是县官休息的地方，也是处理私密政务之处。建筑规模最小，面阔只有五间，比前落、二堂少两间。这样做既符合礼仪，又使得建筑表面积系数小，利于聚气而适合起居。明间是敞口厅（图左），用于公开办公，太师壁上方悬挂"清慎勤"匾，后部设门通向后花园。"清慎勤"典出司马昭，比喻清廉、谨慎、勤快，几乎是传统衙署的通匾。敞口厅东面次间、尽间供县官居住，西面次间、尽间是仆人的地方。两者都是互通的大通间。所有房间均设阁楼，热工

# 清慎勤

性较好。在尽间延伸山墙及走廊，与二堂次间相接，围成横天井（图右），并由敞口厅与二堂间的工字廊分为左右两个小天井。因二、三落距离不远，故工字廊不设柱，直接搭在两者的横枋上。侧面的小天井中也不植乔木，只是置水缸、养荷花，美化环境又保障消防，散射天光而兼顾通风。在周边廊柱间砌筑矮墙，可遮挡檐沟溅水，并提供坐憩。综合看来，官府职能的建筑采用民居的形式，必然表现出空间大而用材小的特点，但工匠依旧通过小型材料的拼帮叠合，暖阁、工字廊等构件的填充加强使其结构合理、尺度宜人。

# 大圣寺塔

图右 塔身

　　816年浮梁县衙迁建于昌江西部后，邑人曾在其前方建大圣宝塔。宋代，当地信徒黎文表再次倡造此塔。明代，塔重修。目前，塔处于昌江与东河相交处向东突出的半岛上（图右），位于原西塔寺中。《浮梁县志》记载："西塔寺在西隅，唐太和六年（832年），僧度创。塔十三丈，宋建隆二年，县民黎文表倡造。明万历三年，塔重修。"[4] 1979年实测此塔时，发现塔顶覆盆铸有铭文："浮梁县太平坊清信弟子黎文聪自舍钱壹百晋文足铸造大圣宝塔上复盘一所永彰不朽者康定元年岁次庚辰四月二十八日。"[5]这座塔虽由信徒所造，具有佛塔的特点，但从地形上来看，却不乏风水的意义。它坐落在土山之东的隆起小丘上，位于县衙大门的东南部，具有拔高东部地势的作用。从县衙大门出来，西边是山，东边是河，塔建于东侧，刚好弥补门前地形不等的缺陷。再看塔的具体位置，更是奇妙，它既处于昌江的南北弓形主航道的弦之中部，还在东河航线的视野中。人们从东河顺流而下，老远就能看到红塔，无意为之是不可能这么精准的。为了兼顾这两条航道的视廊，塔六面七层。坐北朝南，其中朝向东南的面，正好对着东河入口。塔的高度也是恰如其分的。从地面到顶部的覆盆有37.8米[6]，从地面到顶部塔刹有40.5米[7]。单从地球曲率考虑，30米高的可视距离就有19千米。而包含浮梁、景德镇的盆地直径只有15千米。塔体完全能够成为当地的视线标志，更不用说它的基址本来就比周围要高。

498

# 塔的材料

图右 砖砌细节

　　要达到这个高度，采用木结构是很困难的。另外，在这种高度下，如何出檐防雨也费心思。工匠权衡利弊后选择耐雨的砖石建造（图右）。由于当地离石山较远，不如烧砖便捷，于是采用砖砌。古代浮梁各类窑场密布，其窑炉多用砖造。这里不仅废窑砖很多，即使单独烧砖也很容易。砖塔自重较大，要防止不均匀沉降导致的歪闪，一要基础牢固，二要整体性好。对于前者来说，此塔选址于土山上，可避免沼泽、暗坑等软土地基，不受周边溪水浸泡，自然是无虞的。从第二点来看，塔采取逐渐收缩的空筒结构，如同一个倒扣的漏斗，结构上浑然一统，无应力突变，也是十分合适的。它的塔心室很小，其净宽略微大于壁厚，基本堪称是实心体。中间楼层也用不留孔洞的木板封闭，具有现浇楼板那样抵抗局部沉降的作用。这些做法利于结构，但对登临、游憩不利，故此塔并非观景之塔，平时上人不多。即使如此，塔还是解决了上楼的问题，以便日后维护。塔采取穿心绕外壁的登临方式。从下层门洞进去由楼梯穿越塔壁上到塔心室，在此上楼梯再穿越塔壁到上层外壁，然后绕行至另一面，再从斜穿塔心的楼梯上到更上层，由此盘旋而上，直到顶部。塔内只有几部斜穿的楼梯，接近实心。楼梯没有做成在塔心室盘旋而上的木结构，而是采取穿室的形式，可避免减小塔壁厚度。塔每面设门洞，有的是楼梯的上下出口，有的则平通塔心室，它们以砖券开在每面开间正中。洞口处以白灰抹住拱券断面，与黝黑的洞口反差强烈。门洞中如果点灯，可作为夜航的标志。刮大风时，这些连通塔心室的门洞可有效降低风阻。砖塔的外部构造要解决连通各个门洞的绕壁问题。为此，利用砖叠涩，以其宽约半米的顶面为走道。由于顶面边缘较薄，无法承担和安装护栏，故走道外侧凌空，登临具有危险性。为了行走安全，走道上方需要遮蔽风霜雨雪，又因这里是众人仰视之处，且风雨甚巨，故采用较为隆重的仿木结构披檐。立面上先用砖隐出转角柱、龛边柱、阑额，然后在上面立斗栱支撑砖砌叠涩和菱角牙做成的挑檐，最后再以逐渐收进的砖块作为屋顶。斗栱在柱子角部一朵，铺间两朵。铺间斗栱为两跳，底部一斗三升出丁头栱，二层在丁头栱上再出一斗三升。其中斗升靠墙的栱均为砖构，丁头栱和二层的横栱是木构。转角斗栱由左右两组组合，共用转角部分。木栱给脆性的叠涩挑檐提供柔性的承托。其中底层丁头栱深埋砖壁内，如同木筋一样能提高墙体的整体性。这些斗栱具有结构、装饰的作用。

　　塔和地面相接处砌石基础，可经受屋檐滴水飞溅，并隔绝地下水汽，避免砖墙受潮酥碱。露在地面以上的基座分成两部分，下面是台基，上面是须弥座（图上）。台基六边形，条石丁顺交替砌筑。使丁石出头，将每面面阔分成五开间。转角的丁石则斜放如角梁。台基以上是变形的须弥座。须弥座为石构，上中下三段式。上部微微出挑，喷出两根平行并置的边沿，如捆绑的劈料做法。中部束腰收进，每面以粗壮的短柱分成与台基对应的五间，各间嵌套石板，板中掏出一座火焰形龛洞。下部则出挑较大，出挑面做斜面，覆盖在下面的条石台基上。此时，台基上出挑的丁石如同椽子一样承托着这个斜面，形成了一种类似挑檐的结构。此法可将雨水引向外侧。它还有一种寓意。那就是：如果把这个斜面看成是屋檐的话，那么须弥座就成了如同盝顶一样的承台，在它以上的七层宝塔就是一个塔刹，而真正的宝塔是隐藏在地下的。中国塔的一个重要来源就是印度塔的塔刹，如此做法似乎很自然地传承了古意。那么，表现这座塔是隐藏在地下的，还有什么深入的说法呢？一种理解认为，这座塔是一根打入地下的石桩。它

可以巩固这块半岛，使得昌江和东河的河床更为稳定，河流更为安宁。地下是否有塔未能探明，但奇特的是，在塔之东北200米处，地面有一口口小内大的深井[8]。此井是当时造塔取土所制，当地人称之为阴塔。阴塔者，即地下之塔也。向下看去，类似暗红色砂岩的井壁被掏成穹隆形，并无砖石箍壁，全为"土构"。故此井又得名土井（图下）。井栏用四块青石薄板拼成。石板两端分别被加工成凹、凸状，以便拼合时做出牢固的燕尾榫。此井实证了此地的坚实，并将地上的大圣寺塔衬托为阳塔而与之互补。

## 基座

图上 立面
图下 土井

　　塔外观看似八层。这个偶数层和我国大多数古塔的奇数层不同。仔细看去，塔的最下面是有异样的。平座和挑檐的间距特别大，几乎达到一层高度。之所以这么做，是因为它要解决四方膜拜和有限登临的矛盾。所谓四方膜拜，是指塔的底部要开门供信徒进入。所谓有限登临，是因为塔的平座不设栏杆，不允许大量游客登塔，上楼的楼梯必须隐蔽。出于这两点，于是将底层一分为二，下面设置一个专供穿行的下层，而将楼梯的起点放在上层。下层六边形，可供六面出入（图左）。它落在白色石基座之上，用青砖砌筑，各面均有转角壁柱、阑额，并在每面中部开砖挑叠涩门洞。砖石对比鲜明，细节刻画精致。内部的塔心室也是一个六边形的空间，转角有壁柱，上面出两跳斗栱，支撑上面木结构的楼板层（图右上）。六个门洞中透进来的光线，消失在顶部深色的木构中。地面不做过多装饰，只用砖铺设成六边形的发散状，与建筑空间契合（图右下）。洞口用砖挑叠涩做成。即先在侧墙顶部出挑一层条砖，然后出一层菱角牙，上面再承托一层条砖、菱角牙，最后在两侧菱角牙的空隙处覆砖成洞口。其做法与外檐口平座、

# 底层

图左 下层地面
图右上 下层顶部
图右下 下层空间

挑檐基本一致。洞外口的做法与侧面相同，且在下方再设置过梁，外部用白灰抹成雀替形。洞内口直接对着塔心室，不需要收口，只要明确交接就可。故在此将边沿的菱角牙替换为条砖，形成一个整齐的界面，使得六边形的塔心室是完形的。为了从塔心室看向洞口更加敞亮，将这些条砖的尖角抹成斜状。光线从洞口外侧而来，在菱角牙的背光处产生一系列三角形阴面，形成了装饰性效果。

在底层中，下层的上面是上层（图左）。两者之间出斗栱、做挑檐。上层是登临的起始层。建筑五面实墙，只在东南方向设洞口。这个朝向正好面对着东河。上塔的时候，借用活梯上下。于底层的上层才能进入塔梯的做法，泾县大观塔也是一例，此塔同是绕避穿心式，塔内楼梯的起点即在底层上层，到地面的木楼梯附加在塔身外侧。为了遮蔽楼梯的

# 底层、一层和顶部

图左 东南面底层和一层
图右 顶部

风雨，做一圈围绕塔身的附阶周匝。大观塔的每层平座外侧有一圈低矮的栏杆，可保游客安全，故有附建的固定木梯。大圣寺塔的平座外侧没有栏杆，只能将木梯作为活梯使用，故底层不加附阶周匝，显得更加挺拔。底层的上层不需要绕避而上，也不设披檐层，直接利用一层的平座遮雨，外观显得干净利落，仿佛是上、下层共同来承托全塔的重量。七层顶部砌筑宝顶（图右）。这里需要安装塔刹，宝顶高度接近一层。为了避免和塔层重复，并利于固定塔刹，宝顶收进很多。其檐口做几层挑砖，再收砖结顶，好像是尖顶的须弥座，更为隆重地来托举上面的塔刹。塔刹由仰莲、相轮、宝盖、葫芦等组成，高约2.7米。宝盖的六角通过铁链固定于七层屋檐的角部，下部垂挂以风铃。

# 变色

图右 砖表

　　塔由青砖砌筑。目前看去，塔表似有很多红色砖头，故又称红塔。人们一般认为，塔是由阴塔中的类似红色砂岩的土壤做浆砌筑的，这些灰浆在经历风雨之后，浆液渗透到青砖表面而将之染红了。这可能只是其中一说。因为塔本身就是用青砖砌筑的，经过长期风吹日晒雨淋，青砖表层腐蚀殆尽，也会露出灰红色的内里。对于灰浆之说，有人必然会存疑，因为观察现在的塔身，并无一处红色灰浆，均为白浆（图右）。白浆怎么可能将砖头染红呢？很大的可能是，塔以前确实是用红色灰浆砌筑的，但后来维修时红色灰浆不好找，便用防雨更好、黏性更大的白色灰浆代替了。另外，即使此塔号称红塔，它也不全部是红色的。在檐口下方的青砖就因为受到保护而表现出原始的青色。因为它们处于阴影区，并不显眼，所以整体看去还是红色为主。每当朝阳和落日把斜晖洒向浮梁大地时，沐浴其中的塔身便泛起几许金黄，远望如同一支火炬，象征着景德镇的千年窑火。

　　浮梁旧城村位于簸箕形山上。此地原名杏花村，1916年县治迁往景德镇后称旧城[9]。由于用地比较宽松，民居常采用正房加辅房的形式（图左上）。早期建筑中，正房采用天井式，两山是封火墙，前后檐是

## 天井式民居

图左上　民居
图左下　墙体
图右　天井屋

小挑檐。辅房一般单层坡顶，不做封火墙，只作小挑檐。墙体多用青砖，下部实砌，上部空斗，外部清水或抹白灰（图左下）。图右的天井屋建于1949年前，采用三合天井式。前方正房采用双坡顶，后两厢向天井伸出单坡。为了争取面积，正房屋顶的后坡延伸到天井上空，遮蔽了二楼厢房的大部分立面，仅在近山墙处留出三角形孔洞透气。对底层来说，由于没有露天天井了，采光通风也是大问题，于是在后檐墙上开设两个高窗。改建部分的墙体因为要容纳不同尺度的旧砖，故采用眠砌，与原来的斗墙相异。

1949年后，房屋多为红砖砌筑的双坡顶独栋式，构造有所简化。主房封火墙只保留前檐口一小段，其余全部变成小挑檐。檐下常刷一道白粉，封闭并美化斜屋顶和砖墙的接缝（图左上）。在此期间，另有一些房屋则用旧砖和其他材料混搭（图左中），一座主房的山墙即是如此。勒脚处砌筑防潮的毛石块，在上面用三皮眠砖找平。然后再砌筑丁砖、三皮眠砖，且由此向上重复三次，最后眠砌不同厚度的旧砖直到前后檐下，并在山尖以一丁一斗的空斗墙收顶。有的旧砖尺寸相差太大，难以眠砌或丁砌，故常用斜形的丁砖分层交叉砌筑，以便调整不同高度、厚度的砖块为一体（图左下）。此类墙体虽由旧砖乱砌，毕竟是密实的，故用在墙体下层抵御腐蚀、承担重量。墙角必须用规则的砖块眠砌，用来限定这些乱砖墙。在一座辅房的外墙中，每隔几皮斜砌的丁砖摆放一皮眠砖找平、加固（图右上）。在墙体上部，也用眠砖收顶，然后每隔2～3米砌筑短柱来承接檐口桁条，形成檐下漏窗。此举可在采光的同时减小檐下风压。为了进一步压牢檐口的瓦片不被风吹翻，在瓦垄上放置压瓦砖。后期则可以通过塞入乱砖来调节漏窗的尺度。围墙由于等级低，用旧砖斜向丁砌是其中的一种。更为简易的是用行道砖垒砌。行道砖方形，大而薄，其正面有比较漂亮的防滑花纹，眠砌不仅耗费材料，也不美观，故将之斗砌朝外（图右下）。

# 双坡顶民居

图左上　红砖房
图左中　混搭房
图左下　斜形丁砖墙
图右上　辅房外墙
图右下　行道砖墙

# 景德镇

摘要

昌江由浮梁南下，收西河、南河之水而成景德镇后向东南而去。这里交通便利，瓷业发达，人烟稠密。从昌江码头伸出的里弄与环绕丘陵的道路编织成老城区复杂的路网。工坊与民居混杂，会馆和瓷行林立，庙宇和商铺遍及大街小巷。上游的村居形成老城区的文化底色，废弃的窑砖是当地房屋的重要建材，来源于各处的人群带来不同的欣赏趣味，发达的经济条件又使得老街坊更替迅速。此地的乡土建筑不仅类型繁多，而且风格驳杂。它们主要分布在昌江两岸，另有一些易地迁建的老屋和工坊集中在城西枫树山的古窑民俗博览区。

关键词

景德镇老城区，古窑民俗博览区，乡土建筑，废窑砖，商铺

## 三闾庙

图左 拱门
图中 码头
图右 半天井

　　三闾庙是景德镇一个集商铺、民居、坊门和码头于一体的历史街区。它位于西河和昌江交汇处。一条老街和南侧的西河平行，向西连着徽绕古道，向东直到昌江码头。在面临码头的出口，砌筑砖券拱门，上面嵌"三闾古栅"门匾（图左）。码头用条石铺设，沿岸向上游斜插水中，共有三级楔形的斜坡以适应不同的水位（图中）。码头对面就是里市渡。关于三闾的来历，有以下两种说法。一说是为了纪念诗人屈原。这里位于两河交界处，旧时有龙舟竞渡。另一种说法是，闾是25户，这里正好有三闾人家，故得名。三闾庙地区的人员来源复杂，都以从事商业为主，有陆、万、张等大姓，他们在此买地建房，供应百货，使得街坊日趋发达。因为沿街用地非常宝贵，两边的房屋大多两层，开间1～3间不等。不少联排房在底部做成商铺，二楼居住。券门之北的一座天井式建筑还因为面阔太窄而放不下东厢房，只做了半个天井。建筑也是由窑砖砌筑，外部砖墙和内部木构之间由铁拉牵相连（图右）。条石铺设的街面中部因车轮的长期碾压而略微凹陷。

# 天井式民居

图左上 砖门罩
图左下 木雨篷
图右上 内凹式
图右中 壁画
图右下 出挑斜墙

老城其他地区的天井式住宅与浮梁乡间的民居布局类似，房屋面阔一般三开间，进深有多进，内部木结构，外部封火墙。由于建筑位于城区，治安较好，所以前檐立面与乡村住宅稍有不同。比较明显的是在次间上下均开大窗。由于窗户增大，所以上面要做挑檐进行防雨。在这种条件下，明间主入口的大门更要得到强调。大门或为砖门罩（图左上）、木雨篷（图左下），或为内凹式入口（图右上）。砖门罩最为常见，它不占巷子空间，简单易行，且能耐久。木雨篷是在大门上方的墙上挑石梁、支木柱，然后将木柱上部用铁箍固定于墙内，并在上面做出单坡顶。此法遮蔽空间较大，形态张扬，但瓦片易受风脱落。内凹式入口是将檐口墙体内凹并收缩成外宽内窄的斗形空间，在底部的墙上安装大门。其形式有两种。一种是凹口直通到顶的做法，另一种是在凹口的上部加设雨篷。前者高峻明朗，后者能得到遮蔽的实惠。在后者的雨篷下面，凹口处的白色墙体上常画上符镇，并以彩绘的方式加以美化。在老城区一处建筑的门头就有这么一幅（图右中）。硕大的图案几乎达到门的宽度。画面采用圈层结构。其中心是一朵盛开的四瓣花朵，周边分布着放射形的乾在上、坤在下的八卦卦象；卦象外侧绘制着夹杂四朵半花的回纹，回纹外侧环以八个莲瓣收头。图案将道、佛文化熔铸一炉，吉祥的气氛迎面而来。凹口两侧出挑的斜墙会形成尖角而对邻居、行人不利，故在凸显处底部施加油彩弱化其结构（图右下）。工匠还在其下方画了壁画。这里少沾雨水，故壁画能保持长久。它们位于凹口之表，先于符镇被来者所见，起到了烘托铺垫的作用。

　　在后期的内凹式入口中，为了得到使用面积，凹口中不仅做了雨篷，还在雨篷下面做了房间。由于凹口口沿跨度较大，且易遭受风雨侵蚀，于是采用砖拱券作为过梁承托上面的房间（图上左）。拱券并非半圆拱，也非尖拱，而是类似蛋形拱。这种拱拱脚高，矢高低，不挡进出视线及内部大门。此类形态或许受到镇窑蛋形拱的影响。由于当地建筑的墙体很多是用废弃窑砖砌筑的，其厚度可达36厘米。因此，如果门洞不宽的话，可采取深门洞来替代凹口。这样也能容纳偏转的大门以便朝向合适的景观（图上右）。由于大门深陷，出门的视野不够宽阔，于是将两边的墙角倒成圆弧形。其中挡住视线的一边倒角较大，另一边倒角较小。倒角只在大门下部进行以满足通行需要。倒角上部通过叠涩出挑，使得弧面逐步消失而归于平整，以便墙面向门洞中挑出砖叠涩，然后在上面架设石板作为大门的顶棚。石板较为轻巧美观，

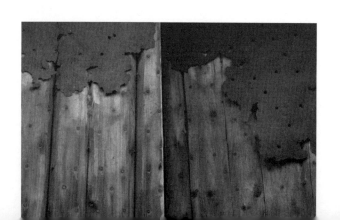

## 后期的凹入口

图上左　拱形凹口
图上右　深门洞
图下左　包铁门
图下右　镶砖门

但作为过梁尚不够坚韧，于是在上面砌一层砖后再放木梁。民居的木构大门不耐水火。除了利用雨篷防雨外，还在门板上包铁、镶砖来防火。前者即在门板上包层铁皮，并用铁钉固定（图下左）。铁钉或排为行列式，或构成菱形、如意形。此法比较廉价，多出现在普通住宅中。镶砖大门更为高级（图下右）。工匠在磨洗平整的方形薄砖中心钻出一孔，以铁钉将之钉于木门板上。砖块比较沉重，故作菱形排列以便稍微下坠时四面受力、相互嵌牢。铁钉的端头有圆帽，既能盖缝，又能受力精进。砖缝之间则用细长的铁条盖缝，并在交叉处以铁钉固定。在门扇边缘处，也用较宽的铁条包边钉牢。铺首则需安在砖块正中，既能与青砖嵌套映衬，也能起到铁钉的固定作用。

1 窑砖
2 红砖

　　每年修窑所产生的大量废弃窑砖成了当地百姓建房的重要材料。窑砖不仅具有黄、红、黑等多样色泽，还有起翘、疙瘩等丰富质感，由此形成老城区特有的窑砖房。三间庙有一处窑砖房的墙中，每隔几皮顺砌的窑砖就夹砌一皮丁砌的红砖（图左）。规整的红砖首先弥补了窑砖的不足，它均匀散布在大小不同的窑砖中，还有稳定墙身的作用。这种做法与扬州老城区的青砖乱砖墙中夹砌红砖是一个道理。而每年出产的诸多废弃瓷片也成了建筑中的装饰品（图右上）。城区的街坊人家并非同族。各户沿巷密排，进退一寸不仅关系到自己的利益，也会影响巷子通行。为使后人免于争讼，各家墙上会嵌入界碑公示，表明各自地界（图右下）。

# 巷子中

图左 夹砌墙
图右上 碎瓷铺地
图右下 界碑

1 古窑区
2 明园
3 清园

N

# 古窑民俗博览区

图左 卫星图
图中 古窑区
图右 鸟瞰

　　1980年，景德镇将散落在各地的古窑、古工坊、古民居收集起来[1]，安置在城西枫树山蟠龙岗，建设传统建筑的集中保护地，称古窑民俗博览区（图左）。蟠龙岗在景德镇城西，属于西部丘陵向城市绵延的一部分。目前，这里已被城市景观围成一个绿岛。山体从西北向东南衍伸，长约1.2千米，宽约750米。中间有一条南北向峡谷，其开口在南，北部有两条支谷，整体如"丫"字形。复建的地点选在支谷中。东侧支谷安排古窑类建筑，西侧支谷安排明清古民居。两者对着南部峡谷分设大门。南部峡谷是一条幽深的山路。它把两个景区连接到城市，提供了曲径通幽的进入方式。异地集中保护老建筑可以发挥规模效应，消除原地的发展限制，在一定阶段具有可行性。由于房屋脱离原生环境，其生成关系较难再现。东侧峡谷的古窑区位于一条西南到东北的狭窄盆地（图中）。主要建筑有入口建筑群、瓷器工坊以及镇窑。入口场地是喇叭状。宽约50米，长约60米。为了藏景聚气，在此设置门房、店铺等公共建筑。风火仙师庙是烧窑前的必到之处，具有

1  大门
2  门房
3  店铺
4  风火仙师庙

礼仪性、神圣性，故也将它放在入口附近。这种安排，与古村水口布置公共建筑进行封护同出一理[2]（图右）。场地是直角三角形。西山高且正，形成地块的直角边，东山缓且斜，形成地块的斜边。故在场地东侧安排比较密集的建筑，而将西部山麓作为进入通道。具体做法是将小体量的大门放在西部，而将稍大的门房及更大的店铺逐次放在东侧。从宏观上看，这样可以中和外部场地的不稳定，形成比较等称的进入道路。从微观上来说，大门因为体量小，放在陡峭的山边不觉得冲突；店铺因为体量大，放在西侧可以利用缓坡的地形。门房、店铺的北部布置风火仙师庙。三者连在一起，既便于游览，还能和西山之间形成一条峡谷，为后面的大空间做好铺垫。东侧的店铺与门房、大门三者依靠院墙相连，密不透风。它们都以实墙面对来人，只有大门是唯一的开敞建筑。从店铺到门房再到大门，每座建筑都向里逐次收进，扩大了门前空间，使得入口慢慢展现出来。

　　大门与门房紧密相连（图左上）。东部门房是售票亭，西部大门是入口。门房坐东朝西，采取封火墙面人的方式，将视线引到大门。大门则退居于售票亭后部，坐北朝南，采取与之类似的建筑形式，以一片五峰封火墙对着来人。中间一墙高耸，两侧逐次落式，形成一门三间五楼的样式。出于稳固结构、欢迎来人的需要，两侧墙体外撇形成

影壁。在影壁上部做出叠涩，以便支撑屋面，将影壁下部的外墙角抹平，给人以较好的感受。于东侧影壁还砌筑一道较低的院墙接于门房中间。在大门的两片影壁间架有单坡披檐，形成遮蔽，并加强整体性。八字形的门前空间进深较大，故设双桁（图左下）。为了减小桁条的跨度，先在影壁之间架横梁，然后在门墙、横梁上架纵梁。纵梁上设小柱支撑步桁。梁头再向前出挑，于端部设吊柱。吊柱中再设穿枋架在两边墙上，靠墙处续设吊柱，形成四柱三间意向。四个吊柱承托檐桁，使其断面减小。步桁的跨度本来就不大，下面也有柱子支撑，故断面与檐桁类似。纵梁穿越门墙，也向后挑。梁头设吊柱支撑上面的檐桁。吊柱间也设枋木连系（图右）。前后檐吊柱底端安装花苞形垂花。前檐下置青石门框门槛，开双扇大门，铺八字台阶，立低矮抱鼓石，尺度从硕大逐渐过渡到细小。在正面门墙的上部，镶嵌一块黑石，书"古窑"两字。这组场景全以封火墙为造型元素。门房的墙体因为有内部木构架的支撑而是片状的，入口墙体因为是独立的故做成折线形。

# 入口

图左上 大门和门房
图左下 结构
图右 大门背面

# 门后院子

　　大门之后是一个小院（图左）。设院之目的，是将门后空间先行封闭再设出入口分流。小院西面是山，其余三面都是围墙。除了大门所在墙体外，其余两片墙上各开门洞。前方院墙上的后门较简洁，仅将墙体拔高，形成矩形墙板，然后在上面开券洞。右侧院墙则是将墙体起拱，再设券洞。两者形态或为突变，或为连续。之所以如此，是因为前方后门正对大门，将其墙体拔高做成方形，能与大门的洞口契合，成为后者的框景。墙体中的券洞，可将两者加以区分。由于此处已经采用拔高墙体的方式，侧墙门洞就不便与此重复，于是将墙体起拱后再开圆洞。洞口虽然大，但来人是侧面看之，所以呈现出来的尺度较小。在这个小院中，大门、后门和侧门在形式上区别明显。大门全是直线，丰富而突出；后门外方内圆，简单而明确；侧门全是圆形，形体基本融合在墙中。人们进入小院时，即使处在三个门的包围之中，也不觉得重复累赘。从区位上看，圆门的等级是最低的。但其尺度却远大于后门。这也是要引导人流之故。因为在圆门之后，还有另外的景致。为了不与主流线在名分上争高低，圆门通过降低规格、增大尺度的办法来满足需要。除了尺度相异外，各个门洞后的布置也有不同。圆门尺度大，门后中隐约可见建筑、牌坊。后门尺度小，门后只是葱

郁的树木。在这种情况下，人们难以抵挡景色的诱惑，多会选择圆门
而入。而那个后门是宁愿折返之后再来的。进入右侧的圆门之后，又
是一个小院。北面，三开间牌坊赫然挺立（图右上）；东面，平桥尽头
是一个巍峨的房屋（图右下）。

　　牌坊后面是祭祀神灵的风火仙师庙。建筑坐北朝南，中轴对称，两落一进，与入口主流线平行。平桥后面则是展销店铺，房屋位于东侧坡地之上，坐东向西（图左）。庙宇和商店风格稍有差异，既是功用决定，也是地形使然。之所以设置平桥，是因为这里是山谷小溪流出处，必须做池塘存水"留财"，以备消防和灌溉之用。此塘无须过船，故用平桥。在这个小院中，祭祀性的庙宇已经竖立了高大的牌坊，店铺便通过一个宽阔的平桥来显示存在。为了增加吸引力，店铺的形态颇为动人。首先，它在入口的粉墙上开漏窗显露后方的一个小院，表现趣味性。再者，它在南侧坡地上设楼梯，以示登临。楼梯多段跌落式，双坡瓦顶，两面空透（图右上）。从院中看，楼梯内侧是木栏杆，外侧却是栏板；由大门外观之，这些栏板是一溜跌落的封火墙（图右下）。封火墙是封闭空间的阻隔，这里用作眺望外侧的凭栏。楼梯和门

# 店铺

图左　西立面
图右上　楼梯内部
图右下　楼梯外侧

房之间再连以院墙。此处地形稍显低矮，是古人心中的"漏财"之地，故设置这段楼梯担当风水林的作用。

从店铺出来，必入风火仙师庙。因为在来时的路上，已经过其牌坊式的入口。对游人来说，看完瓷器之后再入小庙是合乎情理的。建筑始建于清嘉庆年间，原为浮梁县英溪村金氏宗祠[3]（图左），后来迁建此处。建筑三间，一进两落，前后檐双坡顶，两侧封火墙。前落是开敞的门廊，后落是正房，两者间是水池。正房位于高台基之上，且房屋高大，来人须仰视。于是将其屋顶做成二层。前檐另设单坡，并将此处的明间屋顶升高且向前突出、翘起，做成类似舞台形态的五凤楼状，以便迎接天光（图右上），展示其檐下的精美雕刻。目前，房屋中供奉明代浮梁人童宾。传说童宾为了拯救窑工，不惜跳入窑中殉火。后人尊称他是当地的风火仙师。拜谒神灵之后，人们可由其西面小门而出（图右下）。出小门后发现，大门框景中的后门正在右手。先前过它而不入的遗憾归于平复。这是初次到访者的流线，常客可沿西部山麓的小门直接进入，无须作此绕行。

# 风火仙师庙

图左 门廊
图右上 正房
图右下 小门

　　前后门之间的路西有一个小池。池北即山岗。岗上树木葱郁。林下有一座路亭（图左）。亭长方形，长边临水，石径纵贯其中。建筑设四个砖墩，上面立木柱，支梁架，做成两间三楄，承托双坡悬山顶。为了便于行走，屋架不设中柱，每楄为两柱三瓜两穿。两楄在山面，中间一楄落在两山的柱间梁上。两头的桁条向外出挑四条瓦垄的长度，既为遮雨，也可抵消中部重量。虽然如此，跨中依然受弯明显，导致中间屋架微微下沉。中国木构建筑的屋脊升起，源其当初，应是受力下弯之故，此为例证。砖墩的木柱上方榫接檐桁（图右）。为了加大出檐，挑檐枋就被压在一穿下。它能以檐柱为支点伸得更远，并成为上部一穿的梁托。在挑檐枋和一穿之间，设有垫木，可调节出挑的角度。由于受到挑檐枋的托底，一穿净跨减小，故在其上从容立起三瓜二穿，支撑上面的脊桁、金桁。因构件尺度小，为了防止脱榫，节点处都用木销子刹住。椽方形，檐口置飞椽，使得屋面加大出挑。屋面铺27条

# 路亭

图左 形态
图右 节点

瓦垄，以白灰固瓦头，附边瓦。垂脊通过将瓦垄加密而成。在正脊中部设瓦垄向两边分去，中间坐镇万年青瓦花。屋架木柱并不直接落地，而是立在砖柱上，可利用砖柱的防水性能，弥补木柱太细而强度不足的缺陷。在结合处，木柱下面垫木板，两侧设木箍加固。砖柱为一砖半的方柱，形态厚实。在前后檐的柱间砌墙、铺板，设通长栏杆、置梳状靠背作为美人靠。它们既是休憩空间，也能稳定砖柱。美人靠从视觉上填补了柱间的空当，使之看去更加紧凑。亭子大致分成上部木构和下部砖构两部分。上部结构中，屋顶是青灰小瓦，屋架是深红木构，整体为暗色，唯有檐口的白灰非常醒目。下部结构中，砖柱和矮墙都已经刷白，只有美人靠的暗红防腐粉刷在亮色中十分凸显。上下两者都是暗亮对比的做法，仅比例稍有不同，整个路亭的形态具有天生的统一性。它的浑然天成并不妨碍人们认识到，这座潇洒的屋顶是轻盈地落在这四个厚重的墩子上的。

　　古窑博览区里最重要的建筑是镇窑（图上）。所谓镇窑，就是景德
镇窑的简称。这座镇窑原来位于市区中华南路的天后宫，建于乾隆年
间，又名天后宫窑，1980年整体迁建于现址[4]。从总体结构上看，镇
窑由内部窑炉、外部窑房组成，窑炉是烧制瓷器的地方，窑房是在外
面遮蔽它的建筑。目前的窑炉为了适应新的地形和功能要求，体积有
所缩小。它南北长16米，东西宽5米，窑门高2.4米。镇窑是头大尾小的

卵形，如同半个鸭蛋倒扣在地上，故也有鸭蛋窑的俗称。这种形态是在综合龙窑、葫芦窑等窑的基础上逐渐产生的。

# 镇窑

图上 侧面

# 其他窑

图左上　馒头窑
图左下　龙窑
图右　葫芦窑

　　人类在焚烧时发现泥土在火中变硬，于是产生露天堆烧陶器的历史。稍后，为了提高焚烧温度，开始在烧制物外部笼罩一个烧成空间。这个空间或在生土层挖掘而成，或通过木骨泥墙、土坯等做成。因为

它的空间像圆形，故称馒头窑（图左上）。此时可以追溯到商代。馒头窑的火膛如与烧成空间在一起就形成室窑。其中，火焰如直通到顶则为直升式，火焰如从顶部下来再由后方烟囱出去则为倒焰式。火膛如与烧成空间分置，则可以按照两者的位置关系分为横窑和竖窑。我国南方丘陵较多，在商周时出现了龙窑。此类窑是横窑的一种。其窑体很长，常沿山坡设置，如长龙卧岗，故称龙窑（图左下）。龙窑的焰火可随地形上升，从头部一直烧到尾部，故后方烟囱并不高大。龙窑也可分节使用，以便投放柴火。后来还据此发展成多节组成的阶梯形窑[5]。这两种窑在景德镇都有考古发现。在明代，当地人创造出一种葫芦窑（图右），这种窑由前后两个窑体组成，前面窑体高大，后面窑体矮小，中间有个收紧的腰部，尾部还有一个烟囱，像半个有藤的葫芦倒扣在地上。它吸取了龙窑分窑体、馒头窑平地建造的诸多特点。葫芦窑的火膛在前方，其体形从前到后由大变小，利于内部热量均衡。

# 镇窑内部

明末，景德镇工匠根据当地松柴燃烧时间久、火焰长的特点，将葫芦窑的腰部取消，形成一个鸭蛋形（图左）。窑内空间更加聚合且有渐变，符合温度从窑头向窑尾渐渐降低的规律，如此就形成了镇窑。镇窑规模一开始大小不等，有的商家希望烧制更多的瓷器，将窑做得很大，长度达到20多米，常发生温度不均甚至倒窑的现象。直到20世纪30年代，窑炉尺寸才有比较统一的规定，其长不超过16.3米，高不超过5.6米[6]。在这种尺寸下，窑内前方温度是1350摄氏度，后方温度是1200摄氏度，能保证一定的烧成质量，可装烧8～15吨用瓷[7]。为了合理利用窑内温度，细瓷和粗瓷按照从前到后的次序摆放。一次烧制下来，瓷器和松柴的重量比约为1：2～2.4，十分经济。镇窑是生产批量化产品的建筑，应该利于快速生产。如果升温和降温需要很长时间，于经济不利。故镇窑采用薄的窑体，全窑都是用长230毫米、宽85毫米、厚33毫米的砖块砌筑，烧制周期一般3～4天。窑砖由普通田泥做成，并非特殊的耐火砖。每次烧窑时，在窑后温度最低处摆放一些砖坯，利用尾热烧制修窑、造窑的砖体。一年下来正好满足所需[8]。

## 镇窑的窑炉

图左 窑底

　　薄壁形窑炉升温、降温快，也易于损坏，不能耐久。镇窑每烧100次就要重新修窑，这叫作挛窑。一般要一年一次。为了减小挛窑工作量，工匠将窑炉分成了内、中、外三个组成部分。最核心的是窑体，这是烧制的场所，需要一年一修。最外围的是护墙，这是保护窑体的厚墙，也是工作的平台，基本不需要修理。两者之间则是一个活动层，这是填充砖块等填料的地方，可作为护墙和窑体间的过渡，使得后者得到贴合、支撑。它随着窑体的修理而随砌随装。在活动层上面，也会摆放一些窑砖在窑体上以起稳固作用。挛窑时，只要拆除中间活动层的稳固、填充物，就可对窑体进行维修，不必改变护墙。窑体是经过千百年的产物，非常合理。它由窑底、建于地表的拱形建筑、烟囱这三部分组成。窑底是水平的三合土地面。上面铺一层石英砂，从窑门到尾部慢慢变厚，坡度为3%。这层砂既便于稳固匣子，也能制造一个向上的斜面，调整气流。这种做法在唐代龙窑中就已出现。拱形结构是覆盖火膛、瓷坯的容器，因此镇窑也是室窑。这个结构如同半个倒扣在地面的蛋壳。为了便于建造，拱形结构分成上部拱棚、下部窑墙两个部分。窑墙的平面呈卵形，前大后小，前高后低，厚度为24厘米，全部用砖眠砌。这圈围墙基本是竖直的，只是微微向内侧倾斜，以求和上面的拱棚结合。拱棚是立在窑墙上面的一层层拱圈。砌筑的时候要从窑门的门拱开始[9]（图左）。为了方便保温和封堵，窑门是一个很窄的拱券，只容一人抱匣而过。窑门之后，则将砖立着砌筑。砖块构成的拱圈的面，要比垂直面向前倾斜14度。组成这个拱券的每一块砖，其表面并不和拱券面平行，而是又向前倾斜8度[10]。这种做法，使得每一块砖都斜躺在前一层的拱券上。砌筑时要在基面抹上黄泥浆，这种泥浆很黏稠，且有一定流动性。每一块砖都要借助黄泥浆调整至密合。它们具有一定的稳定性，故不需要模板。当这些砖块闭合成拱券时，就很牢固，可以形成下一圈拱券的基面。如此就能一层一层地套砌下去，故称之为"倾斜套叠式拱环组合"。拱券一圈圈砌筑到最高处，再一圈圈收缩到窑的尾部。每次放大、缩小都按照一个手指宽的幅度，并隔开一段距离进行校验。窑上要设置四个观察孔，前面一个，侧面两个，后部一个。通风孔都是用去底的圆匣做成，及时砌筑在拱环内[11]。

镇窑的烟囱

图左 烟囱

　　镇窑都用普通砖砌筑，窑内温度高达1350摄氏度，耐火是一个问题。镇窑烟囱帮了大忙（图左）。它体形高大，吸力强。每当室内燃烧时，室外气体就从窑门等处进入窑内。由于向上的吸力以及匣子的阻挡，这些冷空气往往贴着内壁流动进入烟囱。它们在火焰和墙体间形成一个空气隔热层，既避免热量散失，也保护周围墙体。另外，高温下的窑砖会出现熔融状态，在其表面产生一层"汗液"，这也有保护内里的作用。这些砖块大多为深咖啡色或黑色，还有流淌凝结的质感。它们被撤换下来可作为建材使用，形成景德镇地区五彩斑驳的清水墙。

烟囱的主要任务是顺畅、稳定、高速地排出气体，并要提供适宜的压重。它必须和窑炉紧密结合。镇窑的烟囱位于窑体后部，冷气从前方进入，热气从尾部排出，燃烧均匀充分。为了保证接缝严密，烟囱需直接砌在窑体上，其重量不能很大。目前，烟囱的高度略等于窑的长度，达到16米，上口截面面积为2平方米左右[12]。烟囱的高矮及粗细能影响重量，也会影响室内气流，后者和内部装窑有着互动关系，在一定范围内可以调节。为了进一步减少重量，烟囱很薄，是一个典型的薄壁烟囱。烟囱在窑体后壁燕尾墙上的缺口中砌筑，结构类似帆拱，但难度更大[13]。因为窑体是变截面的，故缺口不是圆形，而是头大尾小的卵形，因此烟囱也是一个变截面的形态。此外，烟囱还有自己的收分设计。它以前部的竖直壁为标准，其余各面发生两个收缩。一是向竖直墙壁靠齐，二是向中心收缩。综合起来，后壁的收缩比例是8.6%。烟囱的向上收分可维持体形的稳定，并保持气流的连续。因为烟囱的进气量时大时小，逐渐变窄的截面可以在流量变化的条件下实现气体连续，这几乎是所有烟囱的惯例。烟囱向前收进，便于气流在冲出窑体之前有一个回转。另外，在这种形态中，烟囱的重心偏在前方，大部分重量落在最后一圈拱券的挂窑口上，由于这圈拱券是倾斜的，它能把这部分重量传递到前方各个拱券，利于压实。而后方出挑的那几皮眠砖，也可以将上面的重量传到窑体底部的观音堂墙上。这两部分的重量分配也是相宜的。

# 烟囱顶部

图左　烟囱开口
图右　烟囱顶端

砌筑烟囱的时候，用眠砖顺着环形面砌筑，眠砖形成的这个环面并不水平，而是向前方翘起8度。烟囱顶部是一个斜面。为了遮蔽接缝，用整砖往前方的最高点砌筑成对称的台阶形，如同一个钢笔尖（图左）。从方位来看，镇窑面向西南，背靠东北，而烟囱位于窑体的后部，笔尖开口与窑口相反，面朝东北面。当风对着窑口而来时，本来会加大排烟的流速，但由于笔尖的遮挡，所以风压不至于过大。而当风逆着窑口而来时，本来会阻碍烟气的排放，但由于有笔尖的导流，气体不会倒灌。在某些极端条件下，还可以改变笔尖的朝向。由此可见，笔尖形顶部对外在气流有一种中和效应，降低它们对排烟的副作用。另外，对内部的气流来说，烟囱的排烟口如果是笔尖形，烟囱插入大气的横截面就不是突然变化的，而是逐渐减小的。这样的话，如果窑内的气流不够稳定，出口的动压也不会突变，由此可将流速控制在一定的幅度。这种道理，和钢笔尖如出一辙。后者之所以是尖形，无非也是为了控制墨水的流量而已。景德镇雨季通常是刮南风，笔尖的背部还有遮挡雨水的作用。顶部的退台形状，能够依次遮蔽砖块之间接缝，使得顶部的水流逐阶下流，难以渗入。由此可见，这个笔尖的设计是十分高明的（图右）。

　　窑炉很薄，如果要延长其寿命，就要对之进行遮蔽，避免风吹日晒、雨淋霜冻。如果要烧窑，还要在其周围进行各种准备活动。炉火一经点着，相关工作必须有条不紊地进行，不能间断。因此，必须给窑炉创造良好、稳定的环境。窑房便就此产生了。早期的露天烧制没有窑房。其后的馒头窑主要在制坯或窑门处略有遮蔽。龙窑处于南方多雨地区，故要制作覆盖全部窑体的窑棚。这些都是比较简易的棚架，真正使得窑棚成为重要建筑的是镇窑。这是由镇窑的使用决定的。首先，镇窑每年烧制约100次，每次烧制时间是18～24小时，前后要准备两三天。每次烧制需木材700担，这些木材有干有湿。湿的木材可以当场做成，干燥的木材就要提前准备。一座窑一般要储存够烧3～5次

# 窑房任务

图左 匣钵

的干材。这些窑柴必须在窑炉附近[14]。其次，烧窑前后，还须进行装匣、清点。装匣就是在入窑前，将瓷坯装入一个个圆形的陶桶，避免烧制时被灰尘沾染（图左）。出炉时，也要将瓷器取出并逐一清点。这些都需要一定的遮蔽空间。另外，烧窑时必须24小时不间断地观察、添柴、勾出灰料，这也需要一个不被打扰的环境。为一次烧窑服务的人员最多有26人，他们中的大多数不能离开窑炉半步。因此，窑房中要有吃饭、休息、洗漱的地方。以上便是烧窑对窑房空间规模的要求。景德镇的镇窑是用普通砖头砌筑的，窑外气候对窑内烧制具有一定影响，窑内烧制对窑外环境也有相当作用。因此，烧窑对窑房的性能也是有要求的。首先，窑房应该能够营造一个中间层，使得外部大气与内部窑炉之间的气候具有温和的过渡。从窑炉到建筑空间再到外部大气，如同从窑体到中间层再到护墙一样。其次，烧制对窑房内部空间的要求也是不同的。摆放柴火的地方要通风良好，便于干燥；添加柴火的地方应该温度、气流稳定；观察火情的地方，希望环境照度变化不大；整个室内因为有人群在工作，也希望有一定的舒适性。另外，窑房还要能够适应各种时段的活动。停烧时要能快速冷却；点火时要能快速升温；而烧制时利用窑炉热量带动空气流通干燥木材，也是要考虑的因素。

# 窑房形态

图上 外观

　　根据以上要求，工匠经过长期摸索，终于找到镇窑窑房的优解。我们目前看到窑房，可能会觉得理所当然，但如果明白它是为了满足这些需要而产生的，才会知道这是一种长期进化的结果。窑房的总体形态是长方形，它的中轴线和窑炉的中轴线重合。在这种布局下，窑炉位于窑房的中部，可将外界影响减到最小。而窑门接近窑房平面的中心，服务半径小，更是便于人们在此操作。窑房的屋顶是中间高、周边低的歇山顶，这种形态可以笼罩在窑炉上方，为之提供一个经济合理的空气层，并便于周边的较冷空气来到窑炉处受热上升，为之适当降温。窑房分成两层[15]（图上），这也是必然的。目前窑炉的窑门高

度有2.4米，拱券至拱脚约为3米，窑炉的整体高度达到6米。这已是两层的高度了。为了方便人们到窑顶观看，建筑高度必须容纳两层。而且，窑房做成两层可以上下分区，适应不同功能。一层接近地面，方便运输，可用来清货、装匣、开窑等。二层比较干燥，可囤积、干燥松柴。在窑房外部置楼梯，松柴由此直接上到二楼，不干扰室内。柴堆在二楼，空气流通非常重要，因此开设大窗，并做大雨篷防雨。为了出挑深远，雨篷使用了斜撑。松柴从二楼运到一楼无需人力，只要将之从窑门前的地板闸口倒下去即可。在窑炉的护墙上，设置到二层的楼梯，方便上下工作。

　　为了做成这样的空间，景德镇工匠采用了当地民居的穿斗结构。柱网比较规则，除了中跨稍大，其余各跨的开间和进深均为一丈见方。这里并不追求空间的豪华敞亮，看重的是结构、气候、光线的稳定。建筑整体高度大，二层荷载重，因此房屋要用大料才好。镇窑周边山区的杂木甚多。它们强度虽高，但枝干并不笔直。工匠便因地制宜，采用这些弯曲的杂木来建房（图左）。其中靠近窑炉的地方空气很热，因此要用不怕火、强度高的槠树。为了省钱，老板在平时就注意收集这些木料。每一根柱子中，顶端要承接间距接近的桁条，因此位置大致是规则的。柱脚要落在柱础上，落点也是基本有序的（图右上）。为了得到这两头的规则，柱子中部便有了各种扭曲的造型。柱网有两种形式，一种支撑在窑炉护墙上，它们在跨越窑炉的地方采用减柱造的大跨。另一种支撑在一层地面上，中间搭建二层楼。此二层楼楼面比窑炉护墙顶面低，既可节省空间，减小向上挑柴的做功，又为窑体顶面营造一个抬高工作面，避免外力直接撞到（图右下）。柱间在一层楼板下通过叠合梁穿连在一起。叠合梁下面设托木、斜撑以减小跨度。每榀屋架之间依靠穿枋及叠合梁上的楼板梁连系。

## 窑房结构

图左　二层木构
图右上　一层木构
图右下　内部楼梯

　　屋顶采用双坡悬山顶，冷摊瓦。为了防雨防晒、采光通风，综合利用了气楼、斜撑、挑檐的形式（图左）。气楼正好位于烟囱之前，窑炉正上方。窑炉受热后，带动周边空气上升，气楼正好成为出口。气楼的檐下漏进光线，提高了二楼中部的照度。另外，这个气楼紧接着烟囱，也为之减小周边风力，并提供几许扶掖。挑檐位于檐口下部，环周设置，为了出挑深远，用了大斜撑，使得屋顶如同歇山（图右上）。因山尖过高，在挑檐上部再用斜撑来支撑一道挑檐。二楼外墙采用竖条木板墙。板与板之间有缝隙，形成一个硕大的格栅，既能过滤、稳定气流，又能放入一定的光线。一层的围护墙要营造一个稳定、安全的室内环境。它向上砌到二层的楼板。墙体以废弃的窑砖砌筑。因为经受高温的煅烧，砖块黄中有红，红中发黑，尺度也大小厚薄不等。为了提高砌筑的整体性，每隔十皮窑砖加砌规整的青砖带。青砖带上下两皮，一丁一顺，在斑驳的墙中隐隐显现，有装饰韵味。墙上开有规则的方形窗洞，采用木构窗台和过梁。木过梁搭在青砖色带上，利用其坚固的特性。在窗台下垫一皮青砖，既可取其平整安装木框，也

# 窑房屋顶

图左 气楼
图右上 歇山
图右下 芦席垫层

可搭接上面被窗洞打破的青砖带。此外，在勒脚的毛石上，还采用了先铺青砖再设窑砖的做法。而在檐口，窑砖由于大小不等，无法砌筑纹饰，故也用青砖做叠涩。一楼的地面是素土夯实，这样便于装匣、运送瓷器，偶尔落地也不会打坏。二层楼板面采用直径10厘米的木梁密铺，其上是6厘米厚的木板，承载力很大。据测算，每平方米可承受约1吨的重量。木板与梁之间，铺设芦席作为垫层，防止灰尘落下影响装匣等活动（图右下）。

　　传统制瓷工坊称为坯房（图左），这是原料制备和成型处。生产碟子、盘子之类的称圆器坯房，生产花瓶等复杂件的称雕琢坯房，两者基本类似。坯房中的瓷土要经过练洗、打压、拉坯、印坯、利坯、绘坯、剐坯、施釉、晾干等多道工序（图右上）。对此，明代宋应星在《天工开物》中称："共计一坯工力，过手七十二，方克成器。"为了节省时间和空间，加工程序为环形，建筑因此做成合院。此形制最早可以追溯到明代。合院一般由正间、廒间和泥房组成。正间是成型之所，泥房是精制之地，廒间乃原料仓库，三者形成上下游关系。为了遮挡外来风沙，它们相向而立，共同朝向院子。正间一般坐北朝南，廒间与之对合，泥房位于西侧，交流非常方便。院子中间开挖洗泥坯的水池（图右下）。水池长条形，每隔3米有砖拱桥，以便取水淘泥。池上

砌筑晾晒的架子。架子南高北低，便于放置从正房抽取的放满瓷坯的搁板。阴天里，池的水汽挥发也少，不会过多影响瓷坯的干燥；烈日时，水汽蒸腾上升，可避免瓷坯晒裂。院落东部是大门，其角落置花园、摆盆栽。灌花之日，即池水常新之时。

# 坯房

图左　坯房
图右上　利坯
图右下　水池

坯房的正间最有代表性。建筑前檐空透，其余三面是围护实墙，中间没有任何墙体。房屋穿斗式木构，架内也是全空透的（图左）。每榀屋架都是并排的穿斗式，开间数根据需要设置，最多可达48间。这种设计，通风采光特别好，利于工匠操作和瓷坯干燥。另外，空间一览无余，还能够即时交流，提高功效。由于建筑内部不设隔墙，稳定屋架就要设置大量的穿、枋。这些穿枋又成为搁板的支撑。正间的另一个特点是它的大挑檐。挑檐面向庭院，伸出将近3米，采用了两道穿枋承托两条挑檐桁的形式（图右）。第一道挑檐桁距离柱子不远，依靠穿枋和下面的瓜柱承载，第二道挑檐桁挑出更大，且要承托上面的瓜柱，于是在穿枋下加设斜撑。大出檐将下方道路完全遮蔽，为坯房提供了一个无柱的运输通道，无论是刮风下雨，还是烈日炎炎，都能保证内部瓷坯免受侵害。正间的空间虽然高敞，但内部木料却很纤细。柱子都采用了直柱，穿枋、斗枋则随弯就曲，只是粗粗加工就上架了。有的地方弯矩过大，于是使用叠合梁。因为构件断面小，故在节点处都用木楔限位防止脱榫。坯房的地面比檐口道路稍低15～30厘米。内部工匠将加工品随手放在搁板中，檐廊下的工匠则可便捷地抽出搁板置于晒架。这种减小竖向做功的做法也是非常巧妙的。

## 坯房结构

图左 穿斗屋架
图右 两根挑穿

## 原料架

图左 正立面
图右 结构

　　坯房中有原料架（图左）。木构为框，竹筒作瓦，采用干栏式结构。四根立柱支撑上面两根纵梁（图右）。两根纵梁中部设置三角形柁墩，上承脊桁。纵梁梁端分别托举着挑檐桁。这三根桁条形成屋顶结构。桁条上再铺设劈成两半的正反竹筒作为屋面，双坡分水处覆盖竹筒作为屋脊。架子在靠近地面处有一层由横、纵梁构成的井字形结构，横梁位于最底部，纵梁位于其上，都入柱出榫，并用楔子刹住。在上下两层结构之间，填入三层木结构作为装架。每层木结构都由横梁和搁板组成。最上层的横梁还做了出榫、插楔子的处理。四根立柱微微向里收束，十分稳定。最下层的隔板放置瓷石，上面三层放置炼制好的高岭土。这两种材料就可以生产出景德镇的瓷器。

　　运送瓷坯依靠一种特殊的装架（图左）。装架竹制。先用四根立竿和一些横竿组成长方体状的构架，然后利用横竿向两侧出挑，以便直接架设搁板及坯体。由于上下横杆间距较大，故在立柱上再用竹竿挑出。竹竿相交均用卯接，并以竹钉嵌牢。摆放瓷坯的搁板就放在这些出挑的竹竿上，最多可达四层（图右）。装架仅在两侧放置搁板，前后两端需留空间供挑夫进出。为了节省空间，装架内部非常狭窄。在两端上部的两根横竿间，用两片竖向竹片围成让扁担插入的方形洞口。

# 运送瓷坯

图左　装架
图右　运输中的装架

搁板上是一个个密排的瓷坯。如果是碗坯的话，一排正好有十二三个，整个装架的数量可达一百，运送效率很高。这些瓷坯可以连着搁板运输，既无搬运之苦，也无碰损之虞。当挑夫用扁担将整个装架抬起时，视线高于最上层瓷坯。他左手搭着前横杆，右手搭着侧横杆，能以肩膀为支点，灵活调整装架的行进方向。行走起来，由于竹子的弹性，瓷坯是很稳当的。竹子轻，韧性好，这就给整个装架提供了良好的减震条件，而搁板平、瓷坯重心低也使得人力运输成为可能。

　　新平治陶，不仅有便利的交通、优良的瓷土，还有高品质的燃料。镇窑的燃料只能是马尾松松柴，这是其独一无二的地方。现代窑厂有的采用电力，有的采用燃油，但镇窑依然使用这种原始材料。目前，出于保护森林的原因，松柴的使用大为减少。为了延续传统工艺，林业部门会定时特批一些烧窑的松柴。较之其他杂木，松柴火焰长，发热值大，灰分少，且熔点高[16]，燃烧产生的松油还能和瓷坯反应，在其表面生成一种特殊的光泽。这就是镇窑的魅力。松柴出产于景德镇和祁门交界的大山深处。工人们砍下树枝后，取其主干，根据镇窑的特点，首先把它们裁成七八寸长，然后采用对劈、二劈三、三劈四的做法，将之加工成厚达1.2～1.5寸的片状。木片被抛入溪流，借助水力下行，壮观时覆盖整个河面。这种柴叫放水柴，是大户所为。一般小户则通过肩挑车推运到山下，这种柴叫下山柴[17]。松柴运到镇窑时，需先行存放。这些小料被堆成一个柴垛，类似一个小型房屋，既不需要仓库，也能保持自身的干燥（图左）。垛是一种堆积形态，采用了矩形体量覆盖坡顶的样式。这种形态除了自身稳定外，还要方便计量，节约用地，保持干燥。屋顶采用稍微出挑的四坡顶，利于排雨，又能四面均匀地遮蔽下部。从这点就可以看出，中国屋顶的最高等级必然是这种样式。柴垛墙体微微向外倾斜，形成倒梯形。这是为了有更大的出檐，使得下面远离水溅。为了提高强度，墙角采用木块交叉叠压的井干式结构（图中）。勒脚与地面接触处或垫有石块防潮，并在中部开有小门，促使柴垛内部空气流通。小门的门框用井干式，顶部用木过梁（图右）。每片松柴均以端头对外，为外墙赢得更多缝隙，以便气流进入。半圆形的松枝平面朝下，弧面朝上。从墙体来看，这样易于保持稳定，从屋顶来看，如此就形成了筒瓦的形状。在屋面分水处，加设一皮松柴作为屋脊。刚砍下来的木材叫作雪身柴，含水率达到了58%。经过半年自然干燥，含水率降至31%。经过一年干燥，含水率只有7%[18]。上述各种材料均有不同的燃烧特点，窑场都要准备。湿材易得，干柴宝贵。窑厂一般储存干柴。松柴的主干送入镇窑。其枝条也不会浪费。它们和其他树种一起用来服务稍微低级的槎窑，烧制粗器。

## 柴垛

图左　正面
图中　转角
图右　门洞

1 瑶里商店
2 闾门
3 五股祠堂
4 桃墅汪宅
5 汪柏弟宅
6 汪柏住宅
7 金达故居
8 苦菜公大宅
9 湖面

　　明清园处于西侧峡谷，由明园、清园组成。明园在北，清园在南。明园处于北端丫形山谷分叉处，由七栋始建于嘉靖年间的古民居迁建而成。最大的一栋前后三落两进，顺着山谷坐北朝南摆放，其余的屋子大多顺着另一条山谷坐西向东布置。两者正好占满场地。利用小溪之水在明园之南积流成湖，在湖畔与东侧竹林间设逶迤向北的入园小路（图左）。园门由一座商店和闾门组成，两者一高一矮，一黑一白，一纵一横，它们与竹林围合，形成小路的终点（图右上）。其中商店坐北朝南，对着道路，方便售卖。房屋由主房和辅房组成。主房在东，

辅房在西。主房为三合天井式，两层三间，为了对外营业，天井放在后侧。前檐是开敞的木构，山面是封火墙（图右下）。底层明间全为木构，设活动门，可供来客进屋，东西次间则设置矮墙短窗。其中西次间为卧室，用于夜里值班，东次间因加设楼梯，故底层向前突出披檐，以行揽客之效。前檐的二楼也是木构，对外开活动隔扇，用于居住。此屋原为明代瑶里程氏所有。

## 明清园

图左 明园布局
图右上 明园入口
图右下 瑶里商店

　　商店西侧是闾门。建筑是明代旧物，1986年迁自化鹏乡夏田村。闾门一层，坐西向东，与竹林相望。其朝向烘托商店，并为后方里坊赢得一个转折，增其私密性。大门双坡顶，采用内部木构、外部包砖、前后挑檐、两侧封火墙的形式（图左）。白色封火墙因商店和竹林的衬托而显得素净。两片白墙之间是檐口洒下的阴影，遮蔽着内部的进入空间。门屋共有四榀屋架，采用穿斗与抬梁相结合的大跨。边贴落地，为三柱二瓜三穿的穿斗式，其中二穿出挑，承托挑檐桁，檐口则再设飞椽（图右上）。正贴不落地，采用抬梁式。在两根山柱间横置一根大穿枋，下砌清水墙，此墙不仅承托大穿枋、稳定两侧屋架，也分出门前屋后的空间（图右下）。在前后檐柱上再架与大穿枋平行等高的大梁。此二梁下方无墙体承托，故用圆作。大梁上立瓜柱，与大穿枋上的瓜柱串成明间的抬梁屋架。在大穿枋下的清水墙中部开门，门上

# 闾门

图左 大门内部
图右上 边贴
图右下 正贴

置木板过梁。因跨度较大，用下层长、上层短的梯形复合梁。由于前后檐开敞，为了远离雨水飞溅，木柱的柱础很高，几乎等同两倍柱径。前后柱间联有扁平的枋木，拉结结构的同时，又容坐人。门中的木构刷黑漆，与白墙、青砖形成比较肃穆的色调。

## 五股祠堂

图上 从外部看门楼
图下 从内部看门楼

　　明园门后是一个高墙围合的院子，院北坐落着迁建于此的浮梁桃墅镇汪氏五股祠堂（图上）[19]。建筑三落两进，正立面采用牌楼式门

楼。牌楼贴在前檐墙上，用清水砖雕构成三间五楼的仿木结构。明间宽阔，壁柱上方设置上下双枋、平板枋，承托斗栱、屋檐。其中屋檐中段断开，立双柱，再升起中间的顶楼。次间面阔仅为明间一半，也设上下双枋、平板枋、斗栱和屋檐，但屋檐高度位于明间平板枋之下，只起烘托作用。牌楼的屋檐、上枋、下枋之间均刷白灰，可衬托砖雕的精细，并用来题写旌表的事迹。在下枋下的墙表包砌水磨砖，其中明间顺纹，次间席文。明间中部开大门，设两扇黑漆门扇。总体来说，牌楼下部比较简洁，而上部比较繁复。牌楼如此精细，后部背景就要简化。徽派建筑的封闭性正好满足这一点。牌楼背靠的前檐墙没有一点凸凹，其轮廓为水平的一字形。从正面看去，牌楼高于檐墙，它的顶楼打破一字形檐口的封闭感，似要破墙而出。两侧山墙也因为透视原因而露其侧面，显示门楼后部空间的存在。更为重要的是，从后方的天井看去，人们的视线可以越过前檐墙后的单坡顶而看到这个如同官帽的顶楼，寓意甚佳（图下）。一般来说，门前路宽应该大于门楼的宽度。在这里，这个规定失效了。迁建者将道路定为门洞而非牌楼的宽度，使得一条窄路通向高大的牌楼，而终点只是牌楼下的一个小黑点，故门楼更显宏伟，其志趣就非道路所限，而是扩大到整个庭院了。

　　院子侧门内部别有一院。桃墅镇的另一座汪宅迁建于此（图左上）。此宅始建于明天启年间，户主是当地汪氏族老苦菜公。建筑一进两落三路，由中间主房加上两侧辅房组成。房屋内部木结构，外部封火墙。入口并非门楼或门罩式，而是院落式。具体做法是在主房的前檐再加小院，入口开在小院侧面。由于小院侧面比较狭窄，故小门不设复杂的牌楼、门罩，只有一个尺度不大但雕刻精致的雨篷。入小门后，左手是主

# 桃墅汪宅

图左上　入口
图左下　小院
图右　天井

房大门，对面是一面白墙（图左下）。为了不使眼前落空，白墙上开六角形漏窗，雕冰裂纹。此窗不仅是进门的视觉焦点，也可促成主房大门的穿堂风。经过狭窄小院后，转身由主房门廊进入天井，有一种小中见大的感觉（图右）。天井四方形。出于遮雨的目的，二层木构及上面的屋顶向内层层出挑。其中二层栏板位于光亮的高处，且在挑檐遮蔽之下，故密布雕刻引人注目，而一层、二层的活动隔扇则用细密方格，较为光素平凡。隔扇在通过光线的同时，可形成纱状物而阻挡外部视线、围合天井，使得这些房间具有较好的私密性。

## 金达故居

图左　大门
图右上　门廊
图右下　天井

　　金达故居原位于英溪村。1980年迁建此处。目前的房屋坐南朝北。建筑为三合天井式，内部木结构外包清水砖墙。墙厚为18厘米，较简易。建筑为主房带辅房的结构。主房居东，辅房贴建在主房的西侧。在主房的西厢房开设大门（图左）。大门非常简洁，没有门罩，也没有挑篷，只有一个石箍，很像建筑的小门。进入门廊中，右手可以到辅房，左手则进入主房的天井（图右上）。流线高效，分区明确。天井用条石固边。正房三开间，明间是厅，两侧是卧室。厢房退后次间一部分，让出次间的窗户。由于天井很小，厢房为了在遮蔽视线和采光的条件下做到平衡，采用了一种特殊的隔扇。隔扇下部一人高的地方是封板，上面才是细木格的漏窗。次间是比厢房还要重要的房间，它的采光之处更为慎重，窗子高度较大，且在其前方增设护静，防止不小心开窗时外人看到内部。二楼在天井周边利用向天井出挑的木构做成三面美人靠（图右下），并在美人靠背板进行满工雕刻，这样便利用了高处白墙的反光，让人目不暇接。三面美人靠的上部是细格的隔扇。这间屋子的外部是比较简洁的，但内部装修却是十分豪华。可能是金达在中举之后对原有住宅进行了装饰。这些装饰只集中在内部木构，外部砖墙却保持了朴素的初始状态。

# 汪柏宅

图左上  院门
图左下  大门
图右上  看前天井大门
图右下  看后天井明间

汪柏宅原位于兴田乡夏田村，1987年迁建于此，建筑坐西朝东，为主房加门院形制。主房两层三落两进。门院一层，附设在第一落前方，开门朝南（图左上），其目的一是调整主房中轴的流线而使之朝向心仪的方向，二是给进入主房的人们提供过渡空间。院门在院子南墙偏东处，门口周边斗砌稍微内凹的磨砖墙，外表朴素。门后设两间屋子，东间是门廊，西间是门房，再后则是长院。院中不设任何门窗洞，只在主房前檐正中设大门（图左下）。大门的处理与院门一致，门边用眠砖砌筑稍微凹入的磨砖，然后内嵌青石做框，仅在石过梁雀替处雕刻草龙进行装饰。二层小窗因高出院墙，风雨较大，故出挑雨篷，如同眼睛的浓眉，望之神采奕奕。为了与此相配，中部的凹口墙也做叠涩，挑两道砖，比两侧封火墙压顶稍显隆重。从门洞进去，内部是一个天井，三面木构紧贴天井出挑，空间逼仄。因高耸的檐墙反射西晒，故天井照度尚可。一层的房间均用黑红色程式化隔扇，格心下部为了保护私密而高过一人，空间氛围严整肃穆。用青黑色的石块铺砌天井，做深檐沟承托滴水。在天井中间，沿着大门向内放置两块石板，一块灰绿，一块土黄，它们在白墙的照耀下，不仅反射强，也成为为数不多的色彩艳丽处（图右上）。第三落布局与第二落雷同，但地势较高。天井为落膛式，不设明沟。在后堂前檐台基的中部偏东处，有一个钱眼形石算，守护着台基出水中的"财气"（图右下）。房屋造于明代末年，隐约有简洁理性的影响，但装饰开始向清代的繁文缛节转化。

# 苦菜公大宅

图左上 大门
图左下 第二落前的天井
图右上 拱眼
图右下 护静

　　苦菜公大宅原位于西湖乡桃墅村，建于明代，户主姓汪。1987年迁建于此。建筑三落两进。为了适应用地，房屋坐西北朝东南，并在主房前设置三角形前院和朝南的大门，接驳到南北向的道路上。主房的南墙是高耸的封火墙。墙体砌筑多样，勒脚处是内外双层眠砖，中部是四斗一眠，上部则是无眠斗墙。这种做法既节省材料，又符合受力（图左上）。从檐墙中间的简洁门罩进去，主房第一落的明间是厅，两侧是开敞的厢廊。从中轴线往外看，正好可以看到墙角处的大门。第二落的明间是通高二层的厅，但铺设木地板，舒适性较好（图左下）。厅两侧的柱子上设置斗栱，栱眼处有木雕小花（图右上）。柱旁的次间窗户采用了麒麟和凤凰题材的护静，颇为精美（图右下）。次间前方的厢房则为三层，其中一层高度最大，三层高度居中，二层最矮。之所以如此，因为二层是储存茶叶的地方。这里不仅防潮防雨、存取便捷，还可为上下两层隔声。

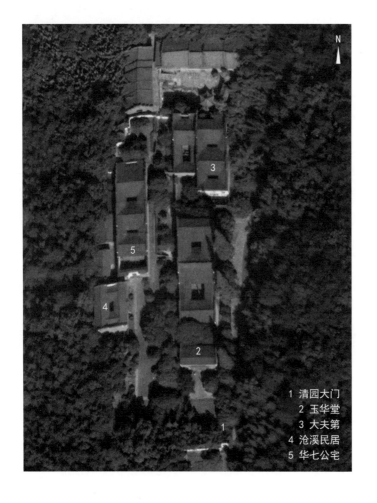

1 清园大门
2 玉华堂
3 大夫第
4 沧溪民居
5 华七公宅

清园

图左 布局
图中 大门
图右 门屋

　　清园位于明园大湖之南，处于一条南北向的山谷中，坐落在湖东南流的一条小溪西侧。园区由四座老宅迁建组成，分别位于东西两层台地上（图左）。东部两座地势较低，坐北朝南。西面两座地势较高，其中北面的房屋依旧坐北朝南，而南部的房屋坐西朝东。由于园区东西窄，且东部有小溪，故在南部做一道园墙而将大门临溪摆放。园中的建筑各有特色。东部靠南的建筑是玉华堂，原名通议大夫祠，本是清代的一座民间祠堂，前后有三进四落，门前的牌楼贴脸尤为精美。

580

其后的大夫第由臧湾迁建于此。建筑由两路组成，东路是住宅，西路是书院。高台的北部则是华七公宅，此宅根据地形做出步步高升的进入序列。在此宅的南部是沧溪民居，这座房屋坐西向东，采用了明三暗五的结构。清园大门放在园区东南的最低处（图中）。人们进门，有一种向上逆水的升高感。大门采用三间五楼的门楼式。其中明间、次间为三岳朝天式片墙，中间高，两边低。明间墙中设置门洞。两侧尽间更低，并呈八字形外撇附接在次间墙上。这两片斜墙使得五级跌落的立面具有稳定感。因斜墙的凸起角部会与来人"犯冲"，故将其下部用叠涩收进，使其表面平行于大门。门墙后面附设三开间门屋，明间行人，次间坐憩（图右）。为了和跌落的门墙相配，屋顶也分三块，中间为歇山顶，两侧翼角下接披檐。为了利于排水、加强结构，歇山顶上设小型双坡顶和门墙垂直相接。和明园门屋相比，两者都有封火墙的影响，但清园门屋的休憩功能更为私密。

玉华堂

图上 南立面
图下左 立面细节
图下中 外部墙体
图下右 内部梁架

过清园大门后，北面第一座房屋就是玉华堂（图上）。玉华堂原名通议大夫祠，1980年迁建于清园。建筑四落三进，居清园规模之最。第一落大门双坡顶，两侧封火墙。青砖门墙上采用牌楼式门罩。门罩四柱三间三楼。为了与后方的青砖脱开距离，牌楼用材非常特殊。下部用石材，中部用木构，上部用瓦件，局部嵌入白灰和青石。柱子全部用青石方料。明间大门以石条固边，青石贴面。次间中也嵌入方形石板。整个效果如同一块玉。这种构造，在高耸垂直的立面上有利于防水。因为石柱开榫卯不易，故在柱子上端接木柱，架设上下枋木，明间的枋木间嵌入木牌匾，书玉华堂三个大字。次间的上下枋木之间嵌入青石（图下左）。梁枋表面施加雕刻，并敷油彩保护，深沉斑驳。为了遮蔽这些木构雕刻，其上方出叠涩，承接瓦屋檐。上方的平板枋与叠涩之间，嵌白灰色带。明间稍长，置放两个木柁墩。牌楼屋顶通过叠涩上用菱角牙挑出平檐做成。屋脊则嵌入墙体做泛水，两端有起翘的鸱吻。房屋外部墙体清水空斗墙，在转角嵌入短柱，砖表有手印（图下中）。内部空间阔大，梁架富含装饰。其月梁上的瓜柱平盘雕刻得尤其精美（图下右）。

　　从沧溪迁来的沧溪民居位于清园西部高坡上，采用主房加辅院的形制。主房在北，辅院在南（图上左）。主房坐西朝东，前后两落一进，穿斗木结构，外包青砖清水封火墙，檐下刷白色。建筑面阔五开间，采取了明三暗五的布局，三个天井排而立，其中中间天井正对着可见的明次间，此为"明三"（图上中），若加上两个侧天井各自对着的隐蔽的尽间（图上右），可合称"暗五"。建筑的大门位于前檐墙的中部。从大门穿越下堂明间的过厅、中间的天井可以到明间上堂大厅。厢房排在天井两侧，处在上下堂的次间之间。厢房和上下堂的次间之间有走廊，由此可以走到厢房外侧和建筑山墙间的狭窄侧天井。天井非常隐蔽，供前后落尽间采光通风。院墙内部刷白，可增强反光。为了进一步封闭侧天井，在走廊面朝中间天井的地方安装隔扇，其纹路基本与厢房一致。来人误以为天井侧面只有厢房，并没有通道。之所以出现这样的布局，可能是希望尽可能在占地小的情况下，做到多房间的自然采光和通风。另外，这座建筑建造于清初，明代的庶民建房不得超过三间的戒律还有影响，屋主为了避免麻烦，故将五间用房外

# 沧溪民居

图上左 东立面
图上中 中间天井
图上右 侧天井
图下左 侧天井水箅
图下右 中天井水箅

显以三。由于出现了并排的三个天井，所以天井的排水就变得重要。在中间天井中，出现了三个水箅子。南侧两个，北侧一个。雨水一般要从南北侧天井通过箅子排到中间天井（图下左），然后再由中间天井排到外部（图下右）。

　　华七公宅位于沧溪民居北面（图左）。它本在蛟潭镇礼芳村，1982年迁来此地。房屋建于清代。屋主华七公，长期经营窑柴和其他木材的买卖，为当地首富，此屋即洽谈生意处。建筑四落四进，规模宏大。第一落是大门，面阔三间，明间内凹，形成通天的八字形影壁，在底部设大门，门上隐起砖石梁枋作为装饰，比较简省。第二落是二道门，它位于封闭院墙的尽端，建筑三间，立在高高的台基之上，这里雨大，故大门从檐柱后退到步柱，在前方做轩廊（图右上）。为了接纳人流，从门前轩廊中向院子伸出大踏步。踏步共七级，两侧以水平抱鼓石作为垂带，具有礼仪感。轩廊上有四根方形石柱，耐得住风吹日晒雨淋。

## 华七公宅

图左　大门
图右上　二道门
图右下　第三落大堂

在挑檐阴影中，将上枋月梁描金，与柱子形成玉柱金梁的搭配。第三落是正房，三开间，明间是厅，两侧是卧室，前方为小天井。卧室前为厢房。厢房进深小于卧室面阔，便于天井的光线进入卧室小窗。在厢房靠近正房的前檐柱子上，架设一根硕大的大梁，以此承托正房的挑檐（图右下）。挑檐又高又远，且下面无柱，更能使得空间无所遮挡，宽敞明亮。屋主是从事木材生意的，因此建筑结构用料不仅硕大，而且豪华，内部柱子不少是银杏木。

　　大夫第始建于道光年间，原来位于佑村，目前迁建于玉华堂之北。建筑东临小溪，西望高台，坐北朝南，分东西两路。东路是住宅，西路是书院。左路建筑三落两进带前院。前院较低矮，于东首设大门，意在吞食流水"财气"（图左）。大门一开间，做两柱一楼的牌楼式入口。牌匾上写"大夫第"字样，彰显族人获得的"奉直大夫"的荣耀[20]。因院墙低矮，故这座牌楼形制不高，却依旧雄伟。住宅的二道门开在前落正中，而非紧接在牌楼后面。这样既能择中而居，保护住宅的私密，也以前落的白墙衬托牌楼，使得驻足的路人放胆观看。院中阳光充分，建筑前落处于日照之下，其形象既不可平淡，也不能抢夺牌楼风头，故走向素雅含蓄的风格。建筑外抹白粉，立面上仅作一门两窗。门洞边以白石做框，磨砖贴脸。两侧窗户因为要接受阳光的原因，尺寸较大。于是在外侧砌筑精美的花砖，借之保护内部的私密性和安全。在门脸的上方，略高于窗户处，墙上嵌有一块无字白石，与前者牌楼的"大夫第"相比，低调而谦逊。但主人的心思并未完全结束。因为在住宅的大堂上，太师壁上镶嵌了主人升官的六块木板捷报，它们与这块无字匾又形成一个反差（图右）。为了表明自己不仅官运亨通，还能学富五车，在住宅西部造书院。建筑两落两进。前方天井中挖掘水池，美化环境的同时，可消防灭火。在后天井留下高窄的采光缝，可增加光线，促进空气流通。这座房屋的内部空间中规中矩，并无出格的地方，但布局合理，搭配得当，令人意外之处接连不断。

# 结语

　　浮梁传统村落一般以农耕为主业，大多分布在昌江上游地区，秉持着因地制宜的营造方法来满足中庸秩序的精神需要。为了充分利用自然条件开展生产、生活，人们常选择流水经过、山势围合的盆地。村落依山傍水，背风向阳，坐高望低。上水口一般做得开敞，放风水进来；下水口则用桥梁、建筑、风水林闭合，以便留住"财气"。规模较大的祠堂常位于村落中心，普通民居则分布在外侧。沿水立面多建间门，经由内部小巷通向祠堂，形成拜谒的流线；周边古道要建路亭，方便农夫和商旅休憩，并连接各个村落。早期的先民占据土肥地广、水源丰沛的地方聚居生息，稍后的人们则向山间高地拓展。随着人群的扩散，村落便布满大大小小的河曲、平坝。

　　由于所处条件不同，村落在遵循普遍规律的基础上常有所拓展，各具特色。高山区的村子要在村口做好蓄水的池塘，方便消防和灌溉，如桃岭、楚岗。而在水边的村子，则会将水口的桥梁做得很好，借以体现村子的荣光，如小江村、陈村和梅岭。有些村落因为矿藏、物产等原因而在农业的基础上参与茶业、瓷业的经济活动，它们在总体布局、建筑单体等方面都会考虑到生产要求。如出产高岭土的高岭，它的水口桥就会做得很大，以便容纳矿工前来休憩；而生产釉果的绕南则会把住宅放在上游而将工坊放在下游来做好功能分区。至于制茶中心——磻溪、严台、江村等，则会将自己的民房稍加改变，求得通风采光更好，适应制茶时拣选、烘焙的需要。为了转运物资，产地附近便于装载的河段则会发展出大码头，如东埠、勒功。经济发达的村子文化也比较兴盛。族人学而优则仕后，常利用自己的学识和能力对家乡进行建设，使之符合理想的图景。比如沧溪利用三座牌坊的流线来显示族人的功德，英溪则通过象天法地的布局为后代谋划世外桃源。还有一些聚落位于较大盆地，具备多种发展优势，如瑶里。这里物产丰富，交通发达，很早就是制瓷中心，于是便成为一方大镇。而下游的旧城则因为连接产茶的昌江和制瓷的东河而成为县治之所。至于更下游的景德镇则是集旧城、瑶里及诸村之长于一身，从而发展为古代的浮梁重地、目前的区域中心。

大致来分，浮梁的乡土建筑有民居和工坊两大类。前者包括住宅、祠堂、商铺、衙署、廊桥、路亭、佛塔等，后者则包括镇窑、坯房、制不房等。

住宅多采用组合式。建筑由主房、辅房组成。主房为天井式、内天井式，占据规整、宽阔的用地，规模小的两落一进，规模大的三落两进。房屋两层，内部穿斗木结构，外包青砖空斗墙。在天井中，正房3间在后部，厢房1～2间在旁侧，下堂则在前方。正房、厢房、下堂常设出挑的木构，将天井围成穹隆形。正房明间是厅，厅后设太师壁，壁后有楼梯。次间分为前后间，前方对着天井设高窗。因厅的面阔小于天井，天井的光线便能进入次间。厢房前檐角柱常与正房前檐柱合体，用来支撑一根大梁，架设正房前檐屋面。贴着前院墙的两厢之间常做一排屋架，以此作单坡的下堂遮蔽大门、支撑檐墙并拉结结构。天井周边的木结构紧密相连，非常牢固。外部的青砖空斗墙中，等级高的做成封火墙，等级低的仅为砖挑檐。高耸的墙体预埋木楔与内部木构相连，可以得到有效支撑。外墙或清水，或抹白灰。白灰有多种做法，有的将之刷在檐下，有的将之刷到一、二层交界处，还有的则将之刷到勒脚。辅房附加在主房周边，常利用不规则用地，建筑多为条屋式，采用双坡顶或单坡顶，1～2层不等，结构、构造等做法与主房类似，只不过相对简易。具有制茶功能的住宅常将辅房用作工坊。为了室内采光通风，无论主房、辅房，一层、二层都有较大的窗户，个别民居还用玻璃罩将天井覆盖。

祠堂乃举办冠婚丧祭之地，是当地最重要的建筑，包括仪门、祭堂、寝堂三部分。它形制高、体量大、装饰豪华，一般起到控制全村轴线、封护全村下水、吃住全村"财气"的作用。建筑或位于村中，或位于水尾。一些祠堂在前方设前院以剪除不庄重的景象、营造肃穆的氛围。还有一些祠堂为了改变入口朝向而在侧面添加前院。仪门比较高大时，常在前方砌筑砖雕门楼，后方安排戏台。为了集聚人群，举办典礼，仪门和祭堂间的院子规模宏大，两侧厢房也为通透的厢廊。祭堂明间置太师壁。正贴采用减柱的抬梁式，边贴为穿斗式。常设廊轩、双层屋面及草架，构件粗壮。寝堂是最后落，前设窄天井，天井中做水池，这里处于阴影区，可防天干物燥。建筑二层，底层后壁安排牌位。房屋位于高台基上，且层高很大，便于从祭堂屋顶而来的光线照到牌位。祠堂周边还有厨房、客房等辅房。前者是为了举办酒席的方便，后者则供戏班子休憩。有时也将书院毗邻而居，为的是利用这里的大厅举办典礼活动。

商铺是在住宅基础上发展而来的。房屋位于大路边，或独栋，或是多进落中的一落，檐口对路开敞，不设前院。建筑一般二层三间。明间开拼装木板门，次间砌砖墙。砖墙上开大窗。大窗窗台较高，可供骑乘者购物。大窗中或嵌小窗，便于夜间启闭经营。

县衙是居住和处理政务之所。浮梁县衙由左、中、右三路院落及多进用房组成，规模较大。其中最重要的建筑是中路亲民堂。房屋采用住宅和办公大厅相结合的天井式，前后三落两进。第一落是最公开的亲民堂，第二落是内部办公的地方，第三落则是居住休憩之所。为了强调礼仪，方便交通，每落间以工字廊相连。

具有历史渊源的村落常用牌坊表明自己的功绩。牌坊以砖、石做成，更多的是砖石木混砌。石牌坊常位于村子外围，这里四面风雨，故用石构能够耐久。砖石牌坊常位于村口，因为它通过砌筑能做成较高大的形象。而木构牌坊则位于闾门或建筑前方，这里用地窄、风雨小，且有人们前来休憩、迎送。

浮梁多桥，包括拱桥、简支桥两类。拱桥石制，有一跨和多跨之分。野外的拱桥仅为通行，只建桥跨即可。如果桥在村尾，具有锁风水、造形象、补缺口的任务，就要在上面建桥屋，形成廊桥。桥屋采用砖柱木结构，遮蔽风雨、增加压重的同时，能取得便于通行的大跨。砖柱间以木板拉结，兼作美人靠。因为两岸地基条件不同，桥屋在拱桥上的位置是多变的。为了对应下面拱顶和拱脚的受力，桥屋的柱跨也可不等。简支桥是采用木梁、石梁架在墩上的跨水结构。板凳桥则将多跨木梁架设在多对木柱组成的门架上。为了便于洪灾后复建，常在河边立柱，系上铁链将桥的木构拴住。石板桥则是将石板架设在石墩上。墩前设分水尖，驳岸上下游设雁翅墙。石墩、分水尖及雁池墙常呈现不同形态以适应水流。

路亭位于乡间古道旁，房屋一般三开间，采用砖柱承受木屋架的结构。屋架为大跨，不设中柱。建筑四面空透，不设围护墙，仅在柱间砌筑木板作为美人靠，供休憩和眺望。

浮梁的塔同时具有佛门教化及"风水取势"的功能。建筑或位于大河交叉口用来镇洪水、指航向，或位于山谷凹地用来弘佛法、倡文风。它一般用砖砌成空筒式结构，采用穿心绕壁的登临方式。

浮梁的工坊主要指制茶和制瓷工坊。前者对空间的要求相对简单，只要采光好、通风畅即可。由于它需要的地方较小，所以常和住宅结合，使其屋顶增加气楼，外墙开设较多大窗。制瓷工坊的工艺较为复杂，主要分制不房、坯房、镇窑等。

制不房包括水碓房和沉淀房。前者是粉碎磁石处，后者是将石粉沉淀并做成不子处。这两者都需水力，故房屋紧靠溪流。工坊生产时会产生废水、噪声，其位置宜在村落下水。沉淀房依靠砖柱支撑穿斗屋架而成。屋架歇山式，在两山留出通风采光通道。外围砖柱间以隔板做成搁架，用来存放并阴干不子。

坯房是制造瓷坯的场所。建筑合院式，房屋在四周，中间是庭院。主体的正间采用穿斗结构，三面砌墙，一面对着庭院开敞，并在前檐设大挑檐。屋内不设隔墙，摆放瓷坯的木板正好搁在穿枋上。庭院中开挖水沟用来沉淀制坯余料，沟上砌桥以便吊桶取水，水边立墩方便搁板晒坯。地面的雨水可由水池排走，水池的湿气能防止瓷坯在烈日下开裂。

镇窑是烧制瓷器的地方，包括内部窑炉和外部窑房。窑炉是用砖拱砌筑的倒扣于地面的半卵形建筑，在较大的前部设窑门，在较小的后部砌烟囱。窑房二层，采用穿斗木结构支撑小瓦屋顶的形式。结构在跨过窑炉处采用减柱式，屋顶在烟囱处留出孔洞。柱子为不规则原木，可最大化承载力。底层空间以窑门为中心，外砌砖墙防风沙。二层楼面稍低于窑墙，周边用板条墙通风散热。屋顶是歇山顶，防雨的同时兼顾通风采光，檐下再做腰檐，以求事半功倍。

此外，浮梁的乡土建筑还有各类亭阁、谷仓、厕所以及柴垛等等。

由于浮梁地域广、历史长、产业丰富，上述的村落种类及建筑类型并不全面，除了一部分未及调研外，另有一些典型已经消失在历史的长河中。即使在目前的存留中，不少也处于濒危境地。这些沧海遗珠凝聚着当地自然条件和社会文化的鲜明特点，见证着浮梁从古到今的曲折进程，是前人留下的珍贵遗产。

在与人类社会及大自然的协同进化中，浮梁的乡土建筑既是古人给出的优解，也是我们遇到的难题。如何守先待后、继往开来，是一个不可辜负的使命。只有深解前人之意，细究现实之情，按照它们的发展规律行事，方能使这些古代遗构顺利转型，再获新生。"瓷之源，茶之乡，林之海"的浮梁大地上，它们必将成为令人神往的"居之所"而永放光彩。

# 参考文献

**磻溪**

［1］磻溪村. 汪氏宗谱［M］. 495-496.

**勒功**

［1］吴逢辰. 浮梁县文化文物志［M］. 南昌：江西人民出版社，2019：344.

**沧溪**

［1］冯云龙. 中国历史文化名村：沧溪·严台［M］. 南昌：江西科学技术出版社，2014：6.

［2］胡铂. 关于景德镇古村落、古民居保护、开发问题的思考——以沧溪村为例（二）［J］. 景德镇高专学报，2013，28（5）：28-29，25.

**严台**

［1］吴逢辰. 浮梁县文化文物志［M］. 南昌：江西人民出版社，2019：347.

［2］吴逢辰. 浮梁县文化文物志［M］. 南昌：江西人民出版社，2019：348.

**陈村**

［1］吴逢辰. 浮梁县文化文物志［M］. 南昌：江西人民出版社，2019：344.

**英溪**

［1］吴逢辰. 浮梁县文化文物志［M］. 南昌：江西人民出版社，2019：352.

## 绕南

［1］浮梁詹氏统宗谱编撰委员会. 詹氏宗谱［M］. 114-115.

［2］黄焕义，张德山. 景德镇村落文化艺术探美·浮梁古村落［M］. 南昌：江西美术出版社，2010：76.

## 高岭

［1］黄焕文，张德山. 景德镇村落文化艺术探美·浮梁古古村落［M］. 南昌：江西美术出版社，2010：62.

［2］冯云龙. 高岭文化研究［M］. 南昌：江西科学技术出版社，2012：197.

［3］冯云龙. 高岭文化研究［M］. 南昌：江西科学技术出版社，2012：21.

［4］吴逢辰. 浮梁县文化文物志［M］. 南昌：江西人民出版社，2019. 352.

## 东埠

［1］冯云龙. 高岭文化研究［M］. 南昌：江西科学技术出版社，2012：26-27.

## 浮梁

［1］吴逢辰. 浮梁县文化文物志［M］. 南昌：江西人民出版社，2019：291.

［2］吴逢辰. 江南第一衙——浮梁县署［M］. 南昌：江西人民出版社，2002：15.

［3］吴逢辰. 江南第一衙——浮梁县署［M］. 南昌：江西人民出版社，2002：15.

［4］吴逢辰. 浮梁县文化文物志［M］. 南昌：江西人民出版社，2019：344.

［5］周荣林. 千年瓷韵——景德镇陶瓷历史文化博览［M］. 南昌：江西人民出版社，

2004：135.

［6］周荣林. 千年瓷韵——景德镇陶瓷历史文化博览［M］. 南昌：江西人民出版社，
　　　2004：136.

［7］吴逢辰. 浮梁县文化文物志［M］. 南昌：江西人民出版社，2019：344.

［8］吴逢辰. 浮梁县文化文物志［M］. 南昌：江西人民出版社，2019：357-358.

［9］吴逢辰. 浮梁县文化文物志［M］. 南昌：江西人民出版社，2019：375.

景德镇

［1］王婕涵，阮强家，熊楚寒. 文化遗产的商业化复兴研究——以景德镇古窑民俗博
　　　览区为例［J］. 全国流通经济，2017（4）：55-56.

［2］景德镇市古窑民俗旅游有限公司. 古窑民俗博览区局部图［EB/OL］.（2018-03-04）
　　　［2024-09-22］. http://www.chinaguyao.com/about/2018-03-04/4273.html.

［3］董晓明. 景德镇［M］. 北京：中国铁道出版社，2005：40.

［4］董晓明. 景德镇［M］. 北京：中国铁道出版社，2005：36-37.

［5］缪松兰，庄烈永. 龙窑结构和作用原理分析［J］. 中国陶瓷工业. 2021，28（4）：
　　　16-20.

［6］陆琳，冯青，汪和平，等. 景德镇窑外形演变历史的研究［J］. 中国陶瓷，2008
　　　（2）：51-53，56.

［7］曹荣海. 景德镇柴窑简介［J］. 景德镇陶瓷，1985（2）：16-19.

［8］刘桢，郑乃章，胡由之. 景德镇窑及其构造特征［J］. 硅酸盐通报，1989（2）：1-7.

［9］刘祯，郑乃章，胡由之. 镇窑的构造及其砌筑技术的研究［J］. 景德镇陶瓷学院
学报，1984（2）：17–18，21–30，33–36.

［10］刘祯，郑乃章，胡由之. 景德镇窑及其构造特征［J］. 硅酸盐通报，1989（2）：
1–7.

［11］刘祯，郑乃章，胡由之. 镇窑的构造及其砌筑技术的研究［J］. 景德镇陶瓷学院
学报，1984（2）：17–18，21–30，33–36.

［12］曹荣海. 景德镇柴窑简介［J］. 景德镇陶瓷，1985（2）：16–19.

［13］刘祯，郑乃章，胡由之. 镇窑的构造及其砌筑技术的研究［J］. 景德镇陶瓷学院
学报，1984（2）：17–18，21–30，33–36.

［14］李兴华，肖绚，李松杰. 技术·制度·文化——“镇窑”三百年与景德镇瓷业发
展［J］. 南京艺术学院学报，2012（5）：163–167.

［15］刘祯，郑乃章，胡由之. 镇窑的构造及其砌筑技术的研究［J］. 景德镇陶瓷学院
学报，1984（2）：17–18，21–30，33–36.

［16］芦瑞清，熊理卿. 景德镇窑柴［J］. 中国陶瓷，1986，85（2）：61–62.

［17］史芳兰. 景德镇瓷业习俗图释（节选）英译项目报告［D］. 南京：南京师范
大学，2021.

［18］史芳兰. 景德镇瓷业习俗图释（节选）英译项目报告［D］. 南京：南京师范
大学，2021.

［19］徐志华. 景德镇古窑址建筑景观研究［D］. 苏州：苏州大学，2008.

［20］吴逢辰. 浮梁县文化文物志［M］. 南昌：江西人民出版社，2019：325.

# 后记

　　因为仰慕瓷都的名声，我2007年就来到景德镇。当时曾到三间庙、古窑、瑶里和红塔游览，临别时还收获一件老鹰捉小鸡的青花婴戏瓷雕。这是我首次踏上浮梁这块神奇的土地，明白"前月浮梁买茶去"的浮梁就是景德镇的母县。虽然没有特意留心它的老房子，但别致的古窑、斑斓的红塔让人印象深刻。在随后的日子里，只要时机合适，都会到这里走一遭。随着调研次数的增多，觉得浮梁的乡土建筑是很有价值的。于是有了对它进行整理的念头。在其后的考察中，发现它的房屋除了与自然、人文关系密切而必为天井式外，瓷、茶的作用也是明显的。它们或使之成为独具特色的工坊，或使之成为稍有变形的民居。由于当地的瓷、茶实在太有名了，这些特点并未引起世人关注。本书将这些乡土建筑介绍出来，不求它们与瓷、茶一样闻名，只是希望它们能在中国的传统建筑中占有一席之地，供更多的世人欣赏。写稿起始，我也曾觉得自己是外乡人，缺少这里的生活经验，且不是瓷、茶行家，恐怕很难胜任。但是，在调研过程中，质朴的父老乡亲告诉了我很多知识，他们对自己居所的复杂情感也打动了我，使我有信心和责任来继续这份工作，于是便借助照片、谱牒、访谈及自己的认识来尽可能反映浮梁乡土建筑的面貌和逻辑。这并不是一个结束，而是一个开始。其中所述内容，无论是小才微善之见，还是偏颇错误之解，都希望能激起大家的兴趣，进一步去伪存真，将劳动人民的智慧和感情展现出来，不使之在浮华的尘世中磨灭。

薛力

2024年6月13日

**图书在版编目（CIP）数据**

中国乡土建筑. 浮梁 / 薛力著. -- 北京：中国建
筑工业出版社，2024.12. -- ISBN 978-7-112-30519-3

Ⅰ. TU-862

中国国家版本馆CIP数据核字第2024MR3996号


责任编辑：杨晓　吴绫
责任校对：赵力

**中国乡土建筑　浮梁**

薛力　著

\*

中国建筑工业出版社出版、发行（北京海淀三里河路9号）

各地新华书店、建筑书店经销

北京锋尚制版有限公司制版

北京中科印刷有限公司印刷

\*

开本：880毫米×1230毫米　1/32　印张：18⅛　字数：503千字

2024年12月第一版　　2024年12月第一次印刷

定价：**88.00**元

ISBN 978-7-112-30519-3

（43875）